21世纪新闻与传播学专业系列实验教材

电脑图文设计（第2版）

编著 关 红 周 鸿 赵书松

参编 邵浩洋 李 伟

　　刘 芳 韩 燕

JOURNALISM

中南大学出版社

www.csupress.com.cn

COMMUNICATION

总　序

构建学与术的和谐

这是一种躲不开的现实：学界对于大学的学科或专业之间的评价或定义往往会受到灰色潜规则的影响。譬如：学理工的看不起学文史的，学文史的看不起学新闻的。这种陈腐的俗见却酝酿出了一种浅薄的学术态度，并逻辑地推演出了一种说法，即"新闻无学"。"学与术"在价值认识上的落差，很大程度上影响到大学对学科和专业的未来发展和战略规划。在大学里，但凡"学"远而"术"近之学科，颇有"破帽遮颜过闹市"之尴尬！

姑且不论"新闻无学"等的说法是否偏颇。然而，值得仔细省思考量的是"新闻无学"的语义背后，是怎样的学科现实呢？

是"新闻有术"，还是"新闻无术"？倘"新闻无术"，那这个学科"既无学又无术"，这在根本上就失去了存在的依据。倘"新闻有术"，那"术"的理性、"术"的方法、"术"的价值又表现在哪里？

其实，新闻传播学科存在的真正价值并不在于学界的所谓"有学无术"或"无学有术"之争论，而在于新闻传播学科所观照的学科对象和产业现实之间的互动效应与使用价值。一个学科或专业如果无力解释、追踪或重新定义它所面对的研究对象，那只能说明该学科或专业在赖以生存的意义上已经走向颓势，这才是学科或专业的真正困境！

作为已经具有充分自足形态的新闻传播学，自然不必纠缠于"学"或"术"的学科歧见。因为"学"与"术"之间的差异不是绝对的，"学"是"术"的理论形态，"术"则是"学"的方法形态，两者互为前提，并在一定条件下互为转化。"重学而轻术"显然是一种学科歧见，问题是这种学科歧见却实实在在妨碍了新闻传播专业教育在技术层面上的教学开拓和实验规范。对于新闻传播学科而言，专业技术的教学训练显得尤为重要，其重要性源于学科对象本身的逻辑演进和技术更新。

新闻传播业的急剧变化，已经显著地凸现了传播在技术层面所达成的社会功能和文化功能。这些功能对于人类思维及其对自身存在与客观世界的认知都产生了愈来愈重要的作用。新闻传播在技术层面上的开拓和应用，也已经深深地改变了报纸杂志、广播电视乃至网络等媒介的诸多作业方式，同时也对从业人员提出更高的技术、技能的要求。

从竞争的角度看，没有先进的传播技术，小而论之，从业人员失去了存在的理由，大而论之，新闻传播作为产业的存在理由也取消了。所以，新闻传播除了学理意义上的内容之外，它还应该有一种区别于他行业的技术内涵和方法规定。因此，这些内涵和规定也一定会反映在新闻传播教育的教学内容和教学方法等方面。

反观目前的新闻传播教育，在教学模式上仍侧重于传统的"精英教育"，保持着"象牙塔"高贵的姿态，忽视技术技能的训练和实践。另外，由于大学的评价传统和学术标准的变化迟缓，加上大多学校硬件投资的不足，新闻传播教育仍走着理论教学的熟路："重学"与"轻术"。相比较而言，吻合于新闻传播业特有的实践性和应用性的教学内容和训练环节被悬置了，这样，容易导致学生"长于说"而"拙于行"，"动脑多"而"动手少"的专业缺陷，而更大的问题在于造成新闻传播教育与产业的实际需求之间的关系错位和断裂。

所以，从新闻传播学科与社会互动发展的战略高度看，从人才准备、知识准备、技能准备等方面考察，新闻传播教育亟需开拓和提升与现代传播技术相关的教学内容和实践手段，把理论、技能与实践有机地统一起来，实现精英教育和普及教育的和谐统一。

这是一种追不上的现实：新闻传播作为一门学科，当属自20世纪以来发展最快的学科之一，其快速发展根植于传播本身所蕴含的技术、功能和形态的变化。或许这是一个话题，或许这是所有的话题。为何如此说？因为"传播"是个大词，以传播观之，一切皆传播。

世界如此精彩，又如此单调。在精彩与单调的背后，人们会深刻地领会传播在其中所产生的作用和影响。

作为一种交流形式，传播的发生与发展在很大程度上依循着人类文明进化的轨迹，但它又反过来也制约着人类，重塑人类的视听感知，规约人类的想象版图。相对于人的有限认知来说，传播几乎就覆盖了人与自然、人与社会、人与人、人与自我的全部精神内容和存在方式。

传播最基本的功能，与其说是一种符号化的文化方式，还不如说是一种存在的呈现方式。让无名的有名，让无形的有形，让不可指认的可以指认，这就是传播作为存在呈现方式的内涵，换句话说，即所谓"不传播等于不存在"！

随着人类科技的进步，新闻传播无论从主体、信息、编码、媒介、受众以及传播模式和互动反馈都远比过去复杂多了。传播的复杂性自然会寻求技术性的解决。于是，在新闻传播的复杂系统中，技术层面上的执行可能和形式要求在研究开发环节和技能养成环节上获得重视和提升。

我们知道，传播是一个系统，系统内的诸多环节和要素犹如一个多极化的立方体，每一极的变化都会改变立方体的架构、形态乃至功能。传播媒体的技术性转型和创新，是近年来新闻传播领域的突出亮点。这些亮点不仅打破了主客体之间传统的信息获取方式和认知平衡，同样也改变了新闻的编播体制和传播的产业群落。在这前提上，可以发现媒介的改变不纯是技术性的，它一定会悄悄地通过技术形式改变传播的内涵，这一点与麦克卢汉所说的"媒介就是信息"的观点相吻合！

从报纸、杂志到广播、电视，从网络、手机到卫星通信、移动电视，每一次媒介革命好像一把双刃剑，在新的平台上既带来了广泛的共享互动，又在技术层面上重新调整传媒的格局和影响，并直接引发新闻传播业的转型和演进。

媒介的技术化发展趋势集中表现出三个特点：即集成化、数字化、网络化。

简而言之，集成化意指新闻传媒的技术集成、功能集成和系统集成；数字化意指新闻传媒借助数字化的信息压缩技术，进行传输编播、采集搜索乃至储存管理等活动；网络化意指网络的开放平台、构件技术、动态操作等内容。这些特点不仅已经为职业传播人所敏感，同样也已为传媒受众所敏感。在此基础上，媒介技术化趋势渐而生成出了一种新的传播互动现实。与其说现实被传播所改变，还不如说传播被媒介所改变；与其说传播被媒介所改变，还不如说媒介被技术所改变。技术的改变必然会构建具有新技术内涵的方法、价值和影响力。

数字化媒介的到来，对于新闻和传播的意义是革命性的。尽管它带来了新的无序和混乱，同时它也表现出了对于传统新闻模式和传播形态的巨大的解构力。显然，传媒变局已然形成，但是我们更应该看到的是传媒与人类生活变化所形成的新的辩证关系，即以网络、手机、卫星电视和视频点播为代表的新媒介系统正在深刻地改变我们的生活方式、感知方式和思想方式，另外，它也一定会深刻地改变我们的新闻方式和传播方式。因为在现今的社会里，信息已经不是问题了，而信息的精准、快速、直观、定制化地传播才是问题。

数字传播技术的互动性、即时性、整合性、定制化、个性化等功能，从根本上讲，是对应于人的感知、记忆、反馈、决策、表达、传播之不足，建立在人的匮乏和需求之上的。所以说，技术的颠覆是革命性的！技术的变化，犹如地球板块的变化，深潜而又极具破坏力。它将改变一切！新闻在变、传播在变，其核心是生活在变、观念在变、心态在变！有变有化，有化又合，此乃天下大势！没有变的意识，那就只剩下受困这一路了！

如果从最早的口耳传播算起，到符号文字的产生，所花费的时间是数以万年计。从文字到报刊，所花费的时间是五千多年。从近代报刊出现到广播的产生，则花费了四百多年。从广播到电视，仅仅十几年。尤其是近几年，传播技术的变化让人目不暇接！

非线性的编辑系统、印前设计系统、桌面出版系统（含图像软件、图形软件、排版软件）等程序软件更新升级；流媒体、富媒体等新技术不断创新，在表现形式上构成了强力，内在地驱动着新闻传播走向技术和形态的多元转型。从单一媒体到多媒体，从网络媒体到移动媒体，从大众传播到分众传播，从单向传播到互动传播……这一切都呈现出一种智能化、碎片化和定制化的发展趋势，同时也必然会在知识价值的层面上引发新闻传播教育的改革。

这些年来，许多高校受到了行业发展趋势的拉动，在不同程度上加强了新闻传播教育的实践性环节，并且纷纷建立实验室，建立实验课程体系。但是从另一方面看，实验教材的建设却成为各高校专业发展的瓶颈。可以说，迄今为止还没有一套以专业教学与实务操作为内容的完整的系列实验教材。鉴于此，中南大学出版社所推出的本系列教材将有利于缓解新闻传播实验教材稀缺的矛盾。

本系列实验教材的特色是：以实验的内在流程为编写体例，强调理论与实验操作的紧密结合、课程与专业的紧密结合，既看重计算机科学的工具性，更注重新闻学、传播学专业思想的训练，以培养新闻传播专业的有思想、有技能的应用型人才。

本系列实验教材的特色在于：

（1）强化实训。本系列教材在编写体例上按理工科实验的惯有编写体例来进行编写。为了加强实验室的软件建设，强化新闻传播类专业的工程内涵，丛书每个实验项目内容原则上应包括实验目的、实验预习要点、实验设备及相关软件、实验基本理论、实验内容与步骤、实验注意事项、实验常用问题与操作技巧解答、实验报告、思考与练习等九个部分，重点在实验基本理论、实验内容与步骤两个部分。

（2）文理兼容。对内容结构，所有实验项目在修习上分为必修项目与选修项目，在定性上又分为验证性实验、设计性实验、综合性实验、创新性实验等实验项目。本教材在内容上既不是类似于工科传统意义上的实验指导书，又不仅仅是软件的操作用书，它将新闻传播方面的专业理论与相关软件操作进行了非常紧密的结合，是专业相关理论、软件操作的有机融合，既体现计算机操作的工具性，又有专业理论思想。

（3）创新实验案例与素材选取。本教材在典型操作性实验案例与素材的选取上，改变了以往软件教材用例散漫和随意的状况，强调新闻传播专业教学为主纲，以此来把握案例素材与专业教学之间的内在关联度。

价值源于稀缺。学科发展如同钟摆，循着稀缺与过剩的价值曲线，摆过去还得摆回来！如何推动"学"与"术"的和谐发展，这对于新闻传播教育来说，显得尤为重要。因为新闻传播这一专业快车已经被不断嬗变中的新媒介和新传播技术搞得不由自主了。在此前提上，学一点技术，多一点实训，于学于教，都是有益的。

是为序！

上海师范大学人文与传播学院

副院长　教授

金定海

目　录

课程综述 / *1*

实验 1　Photoshop 创建选区工具的运用 / *12*

　　1.1　Photoshop 工作界面 / *12*

　　1.2　选取工具 / *14*

　　1.3　套索工具组 / *16*

　　1.4　✳ 魔棒工具 / *18*

实验 2　Photoshop 图文创建工具的运用 / *22*

　　2.1　画笔工具组 / *22*

　　2.2　文字工具组 / *23*

　　2.3　矢量图形工具组 / *24*

　　2.4　钢笔(路径)工具 / *26*

　　2.5　路径选择工具 / *27*

实验 3　Photoshop 编辑工具的运用 / *34*

　　3.1　模糊工具组 / *34*

　　3.2　亮化工具组 / *35*

　　3.3　仿制图章工具组 / *36*

　　3.4　历史记录画笔工具组 / *37*

　　3.5　渐变工具 / *38*

3.6   修复画笔工具组 / **40**

      ■ 修复画笔工具   J
        修补工具   J
        颜色替换工具   J

3.7   橡皮擦工具组 / **42**

      ■ 橡皮擦工具   E
        背景色橡皮擦工具   E
        魔术橡皮擦工具   E

实验 4   图层及层蒙版的运用 / 47

4.1   图层的基本概念 / **47**

4.2   图层的类型 / **48**

4.3   图层的合成模式 / **49**

4.4   图层的不透明度 / **50**

4.5   图层样式的创建 / **51**

4.6   图层蒙版的运用 / **51**

4.7   图层菜单 / **53**

实验 5   Photoshop 图像的编辑 / 60

5.1   图像的复制、粘贴 / **60**

5.2   恢复操作、还原物体 / **60**

5.3   变形、自由变换 / **60**

5.4   定义图案 / **61**

5.5   填充、描边 / **61**

实验 6   Photoshop 图像的调整 / 68

6.1   图像的色彩模式 / **68**

6.2   色彩调整 / **69**

6.3   色彩控制 / **71**

6.4   色调运用 / **73**

实验 7   Photoshop 滤镜的使用 / 77

7.1   滤镜的使用准则 / **77**

7.2   提高滤镜效率的操作技巧 / **78**

7.3   滤镜的分组分类 / **78**

实验 8   运用 Photoshop 设计特效字 / 100

8.1   字体的安装 / **100**

8.2   文字图层的转换 / **101**

8.3   文字的弯曲变形 / **101**

实验 9   Coreldraw 图形创建工具运用 / 112

9.1   关于 Coreldraw / **112**

9.2   Coreldraw 的界面介绍 / **113**

9.3   图形创建工具类型 / **113**

实验 10   Coreldraw 图形编辑工具运用 / 134

10.1   图形编辑工具的基本概念 / **134**

10.2　常用的编辑工具 / *135*

10.3　编辑菜单 / *137*

10.4　图层和样式的操作 / *139*

10.5　排列菜单 / *142*

10.6　图形编辑工具类型 / *143*

实验 11　Coreldraw 中交互式造型工具运用 / *151*

11.1　关于交互式造型工具 / *151*

11.2　透镜效果 / *159*

实验 12　Coreldraw 中对象的编辑 / *168*

12.1　对象的操作 / *168*

12.2　对象的选取 / *169*

12.3　对象的缩放 / *170*

12.4　对象的移动 / *171*

12.5　对象的镜像 / *172*

12.6　对象的旋转 / *173*

12.7　对象的倾斜变形 / *173*

12.8　复制对象 / *174*

12.9　删除对象 / *175*

12.10　使用橡皮擦和刻刀工具 / *175*

实验 13　Coreldraw 的文本处理 / *178*

13.1　美术字的编辑 / *178*

13.2　段落文本的编辑 / *179*

实验 14　Coreldraw 中位图的效果处理 / *183*

14.1　关于矢量图和位图 / *183*

14.2　Coreldraw 软件中位图的变换处理 / *184*

14.3　位图的模式 / *185*

14.4　位图的缩放、旋转与修剪 / *185*

14.5　对位图的色彩调整 / *188*

14.6　位图颜色遮罩 / *194*

14.7　滤镜的应用 / *195*

实验 15　综合运用 Photoshop/Coreldraw 设计户外海报 / *204*

15.1　Photoshop 的设计户外海报设计方法 / *204*

15.2　Coreldraw 的设计户外海报设计方法 / *206*

实验 16　综合运用 Photoshop/Coreldraw 设计三维效果模型 / *210*

16.1　Photoshop 的三维效果模型的设计方法 / *210*

16.2　Coreldraw 的三维效果模型的设计方法 / *213*

实验项目设计一览表 / *217*

参考文献 / *218*

后　记 / *219*

课程综述

图文设计是通过文字、图形和图像的灵活组合产生出多种视觉效果，以表达不同情感的设计过程。图文设计广泛应用于广告、包装、服装、标志、网页设计、招贴和海报等传播媒体上，是其他多种艺术设计形式的基础。目前，以电脑为创作工具的图文设计已成为广告电脑设计的主要形式。

"电脑图文设计"是一门重要的、综合的专业课程，其内容以电脑美术设计软件学习为主，知识涵盖计算机基础运用、Photoshop 图像软件、Coreldraw 图形软件、美术设计基础、广告专业设计等相关内容。

本教程主要运用实验教学的方式系统地介绍了利用计算机进行广告图文设计的方法。综合选取了广告设计领域中最普及的种类，其中涵盖文字设计、标识设计、包装设计、报纸杂志广告设计、宣传海报设计等方面，并以当前国际最流行的图形处理软件 Photoshop 和矢量绘图软件 Coreldraw 对设计实验进行步骤分析与描述，试图通过创意执行的过程，尽可能地传递更多的设计概念，让学生在熟悉软件应用的同时，能够掌握一定的设计方法和形式变化的规则，培养学生运用计算机进行广告图文设计的能力，使学生能够将广告创意、策划方案通过计算机进行图文的有效传达，综合提高专业实践能力。

一、计算机辅助艺术设计发展史

1945 年底，人类历史上第一台电子计算机——电子数字积分器与计算器（Electronic Numerical Integrator and Calculator，简称埃尼阿克 ENIAC）在美国宾夕法尼亚大学莫尔学院的实验室问世，它的诞生，使人类迈入了一个新纪元——数字化时代。

计算机的发展是迅猛的，从电子管→晶体管→集成电路→大规模集成电路→智能电脑，其运算速度也从几千万次/秒到上亿次/秒。随着现代科技的发展，计算机技术已越来越接近我们的生活，逐渐深入到日常工作、生活的每一个角落。计算机技术发展到今天，它的应用范围早已从数值计算、文字处理向信息处理、知识处理等更广阔的领域拓展。

计算机诞生后第一次服务于艺术是在 20 世纪 60 年代，在设计师和电脑程序员的共同合作下可以实现一些简单的图形处理。到了 20 世纪 70～80 年代，计算机技术有了迅猛的发展，计算机的内存容量、运算速度成百倍提高和性能价格比的大幅度改善，各种图形输入和输出装置及各种图形软件系统应运而生，为计算机图形设计的应用和普及创造了必要的条件。特别是在 80 年代末期出现的桌面排版系统（desk top publishing）以及数字化印刷工业的形成给美术、设计、出版界带来了更大的冲击，它使设计师从创意到最终作品的实现能够靠个人完成。90 年代进入了多媒体时代，由计算机将文字、图形、动画、声音多种媒体综合表

1

现在一起的最新视觉技术，正广泛应用于广告制作、电子出版、电影特技、家庭教育、网络制作之中。

在现代设计中，电脑的应用成为必然。

计算机作为辅助设计的工具与数值、文字信息相比较，计算机处理图形、图像信息，比传统的手工或机械方式更快速、准确和有效。计算机将人们从繁复的劳动中解脱出来，可以非常方便地实现各种各样的创意，而且修改起来也十分容易，因此，一开始，它便吸引了众多设计师的目光。

如果我们将从无声影片发展到有声影片看做是第一次图像革命，而从黑白影片发展为彩色影片看做是第二次图像革命的话，那么，电子计算机图形学的出现，可以说是第三次图像革命。而且此次革命的意义，将远远大于前两次图像革命，电子计算机图形学给我们展示了一个新颖的视觉天地。以往人们用手工很难实现的视觉效果，被电子计算机轻而易举地完成，甚至完成得比预想的还好。电子计算机所提供的各种迅捷的服务手段和方式，将设计师的双手从繁重、缓慢和重复性劳动中解放出来，使我们不必更多地顾虑所想像的效果能否实现，从而深化了人脑的艺术创造力和最终的视觉艺术效果。在现代设计中，电脑的应用已成为必然。

从国内目前情况来看，设计师对于计算机的运用主要集中在三个方面：

（1）以印刷制版行业常用的彩色桌面出版系统为工具的平面设计；

（2）以 3DS 等三维软件为代表的三维立体形象设计；

（3）运用各种 CAD（Computer Aided Design）软件进行的工业辅助设计。

二、电脑图文设计常用软件及基本概念介绍

1. Photoshop 概述

Photoshop 是由 Adobe 公司推出的一个功能强大的图形图像处理和电脑绘图软件。也是众多图像软件中的佼佼者。Adobe 公司成立于 1982 年，1998 年 Adobe 公司推出 Photoshop 5.0版，继而在此基础上推出了功能更为强大的 Photoshop6.0、Photoshop 7.0 等几个版本。2003年 Adobe 推出了 Photoshop 的最新版本。不过不再叫 Photoshop 8.0，而是更名为 Photoshop Creative Suite（Photoshop CS）。Adobe 公司从 Photoshop 最初的版本发展到现在的 CS 版，每一个版本的面世都有意想不到的新增功能。越来越多的艺术家、广告设计者将它作为自己的助手，利用它创作出令人惊叹的作品。它强大的功能使得诸多图形图像处理软件不及于它，它一直处于图像编辑领域中的领先地位。

Photoshop 的功能十分强大，广泛用于各种图像特效、文字特效、网页的特效制作、艺术绘画、构图设计等方面。无论是设计师、摄影师、印刷专业者，还是多媒体行家或视频制作者，Photoshop 能够以强大的功能帮助你提高效率，创作出不同的图像作品，并能将作品在多种电脑平台上生成和输出。

2. Coreldraw 概述

矢量绘图软件领域向来是 Coreldraw、FreeHand 和 Illustrator 占主流地位，呈三足鼎立之势，并且有各自的忠实用户，三种软件各有优势。Coreldraw 是加拿大 Corel 公司推出的一个著名的矢量绘图软件，也是目前广为流行的一种基于 Windows 的著名图形图像制作软件。它提供了矢量动画、页面设计、网站制作、位图编辑和网页动画等多种强大的功能，并以简便直观的操作而深受广大图形设计者的喜爱。它的优势是集图形设计、印刷排版、文字效果创

意、CI 企业形象识别设计等方面于一体。目前它已成为平面设计、插画设计、造型设计和网页设计的常用工具。

3. Freehand 概述

Freehand 是一个功能强大的平面图形设计软件，是当今应用最为广泛的矢量图形创作工具之一，经常被用来从事各个方面的简单图形制作和复杂插图的设计。它是各种设计人员创建 PostScript 文本与图形作品、编辑和缩放图形的理想工具。用户可以使用 Freehand 创作各种印刷品，如宣传画、广告标志、企业手册、报刊插图、公司的徽标、产品包装盒、杂志封面以及美术作品，或者在 Web 上使用的图形和动画等。

在 Freehand 中，用户不仅可以绘制出各种图形，而且还可以将矢量图形与位图进行相互转换，同时还可对文件中的图形对象以及文本对象进行任意变形、排列等。该软件的各种填充颜色、制作效果以及图案等令人叹为观止。

Freehand 有它自己的优势：体积不像 Illustrator、Coreldraw 那样庞大，运行速度快，与 Macromedia 的其他产品如 Flash、Fireworks 等相容性极好，被广泛应用于出版印刷、插画制作、网页制作、Flash 动画等方面。同时它的文字处理功能尤其突出，甚至可与一些专业文字处理软件媲美。

4. Illustrator 概述

Adobe 公司是全球最著名的图形、图像软件公司之一。尤其以 Photoshop、Illustrator、PageMaker 和 Adobe Acrobat 四大软件产品而闻名于软件行业，这些产品已成为平面印刷领域内的工业标准。

Adobe Illustrator 是出版、多媒体和在线图像的工业标准矢量插画软件。无论是生产印刷出版线稿的设计者和专业插画家、生产多媒体图像的艺术家，还是互联网页或在线内容的制作者，都会发现 Adobe Illustrator 不仅仅是一个艺术产品工具。该软件为线稿提供无与伦比的精度和控制，适合生产任何小型设计到大型的复杂项目。它指引着矢量图形的未来，它以其突破性、富于创意的选项和功能强大的工具使用者可以有效地在网上、印刷品或任何地方发布作品，可以使用符号和创新的切割选项制作精美的网页图形，还可以使用即时变形工具探索独特的创意。

通过使用 Illustrator 便捷、灵活的工具，使用者能迅速提交您的构想或思维，在标志设计、字型处理、卡通图、产品包装、工程绘图和信息图形领域里展现无限的创意空间，游刃于制作和出版领域。

作为 Adobe 公司著名图像处理软件 Photoshop 的姊妹软件，由于以前国内无 Adobe 的正式代理厂商，因此一直没有受到国内广大平面设计工作者的重视，取而代之的是 Core 公司的著名绘图软件 Coreldraw。应该说 Coreldraw 也是相当出色的矢量绘图软件，它以功能丰富而著称，因而对于相当熟悉 Window 的用户来说是非常合适的。然而，作为印刷出版业的标准，如果和 Photoshop 配合使用的话，避免不了要相互导入、输出的麻烦，而真正在出版业上使用的标准矢量工具是 Illustrator 和 Freehand(注：只有极少数的印刷出版公司使用 Mac 的 Coreldraw)。Illustrator 之所以没有很早流行起来，主要原因早先它是在苹果机上出现的专业绘图软件，直至 7.0 PC 版的推出，才受到国内用户的注意，再加上其较高的系统要求和昂贵的专业外围设备使普通用户退避三舍，所以一般只有欧美和日本的大型广告公司才使用该软件。但是，随着 PC 机的不断降价，配置不断地升级，在 PC 机上现在也可以使用这些专业级别的软件了。

5. 软件中的基本概念

图像类型

在计算机中,图像是以数字方式来记录、处理和保存的。所以图像可以说是数字化图像。图像类型大致可以分为以下两种:向量式图像与点阵式图像。这两种类型的图像各有特色,也各有其优缺点,两者之间的优点恰巧可以弥补对方的缺点。因此在绘图与图像处理的过程中,往往必须将这两种形态的图像交叉运用,才能相互搭配取长补短,使作品更为完善。

(1)矢量式图像,它以数学的矢量方式来记录图像内容,它的内容以线条和色块为主。例如一条线段的数据只需要记录两个端点的坐标、线段的粗细和色彩等,因此它的文件所占的容量较小,也可以很容易地进行放大、缩小或旋转等操作,并且不会失真,精确度较高并可以制作 3D 图像;但这种图像有一个缺陷,就是不易制作色调丰富或色彩变化太多的图像,而且绘制出来的图形不是很逼真,无法像照片一样精确地描写自然界的景象,同时也不易在不同的软件间交换文件。

制作向量式图像的软件有 Freehand、Illustrator、Coreldraw、AutoCAD 等,美工插图与工程绘图多半都在向量式软件上进行。

(2)点阵式图像弥补了向量式图像的缺陷,它能够制作出色彩和色调变化丰富的图像,可以逼真地表现自然界的景象,同时也可以很容易地在不同软件之间交换文件,这就是点阵式图像的优点;而其缺点则是它无法制作真正的 3D 图像,并且图像缩放和旋转时会产生失真的现象,同时文件较大,对内存和硬盘空间容量的需求也较高。

点阵式图像是由许多点组成的,这些点称为像素(Pixel)。当许许多多不同色彩的点(即像素)组合在一块后便构成了一幅完整的图像。例如照片由银粒子组成,屏幕图像由光点组成以及印刷品由网点组成。点阵式图像在保存文件时,它需要记录下每一个像素的位置和色彩数据,因此,图像像素越多(即分辨率越高),文件也就越大,处理速度也就越慢。但由于它能够记录下每一个点的数据信息,因而可以精确地记录色调丰富的图像,可以逼真地表现自然界的图像,达到照片般的品质。

Adobe Photoshop 属于点阵式的图像软件,用它保存的图像都为点阵式图像,但它能够与其他向量式图像软件交换文件,可以打开向量式图像。在制作 Photoshop 图像时,如果像素的数目和密度越高图像就越逼真,而记录每一个像素或色彩所使用的位元数,决定了它可能表现出的色彩范围。如果用 1 位数据来记录,那么它只能记录 2 种颜色($2=2$);如果以 8 位数据来记录,便可以表现出 256 种颜色或色调($2=256$),因此使用的位元素越多所能表现的色彩也越多。通常我们使用的颜色有 16 色、256 色、增强色 16 位和真彩色 24 位,一般所说的真彩色是指 24 位($2 \times 2 \times 2 = 2$)的。

制作点阵式图像的软件有:Adobe Photoshop、Corel Photopaint、DesignPainter 等。

图像格式

在计算机绘图中,有相当多的图形和图像处理软件,而不同的软件所保存的图像格式则是各不相同的。例如,用微软公司的画图软件保存的图像是扩展名为.BMP 的图像,用柯达公司的 PhotoCD 保存的图像是扩展名为.PCD 的图像。然而,不同的格式都有不同的优缺点,所以每一种图像格式的存在都有它的独到之处。在 Photoshop 中,它能够支持 20 多种格式的图像,因此利用 Photoshop 可以打开不同格式的图像进行编辑并保存或者根据需要另存为其他格式的图像。但要注意,有些格式的图像只能在 Photoshop 中打开修改并保存,而不能另存为其他格式。

分辨率

分辨率就是指在单位长度内所含有的点（即像素）的多少。通常我们会将分辨率与图像分辨率混淆，认为分辨率就是指图像分辨率，其实分辨率有很多种，可以分为以下几种类型。

（1）图像分辨率就是每英寸图像含有多少个点或像素，分辨率的单位为dpi，例如300dpi就表示该图像每英寸含有300个点或像素。在Photoshop中也可以用cm为单位来计算分辨率。当然，不同的单位所计算出来的分辨率是不同的，用cm来计算比以dpi为单位的数值要小得多。

在数字化图像中，分辨率的大小直接影响图像的品质，分辨率越高，图像越清晰，所产生的文件也就越大，在工作中所需的内存和CPU处理时间也就越多。所以在制作图像时，不同品质的图像就需设定适当的分辨率，才能最经济有效地制作出作品，例如要打印输出的图像分辨率就需要高一些，如果只是在屏幕上显示的作品（如多媒体图像）就可以低一些。

另外，图像的尺寸大小、图像的分辨率和图像文件大小三者之间有着很密切的关系，一个分辨率相同的图像，如果尺寸不同，它的文件大小也不同，尺寸越大所保存的文件也就越大。同样，增加一个图像的分辨率，也会使图像文件变大。因此修改了前二者的参数就直接决定了第三者的参数。

（2）设备分辨率是指每单位输出长度所代表的点数和像素。它与图像分辨率有着不同之处，图像分辨率可以更改，而设备分辨率则不可以更改。如我们常见的PC显示器、扫描仪和数字照相机这些设备，各自都有一个固定的分辨率。

（3）屏幕分辨率又称为屏幕频率，是指打印灰度级图像或分色所用的网屏上每英寸的点数，它是用每英寸上有多少行来测量的。

（4）位（bits）分辨率也可叫位深，用来衡量每个像素存储的信息位元数。这个分辨率决定在图像的每个像素中存放多少颜色信息。如一个24位的RGB图像，即表示其各原色R、G、B均使用了8bits，三者之和为24bits；而RGB图像中，每一个像素都要记录R、G、B三原色的值，因此，每一个像素所存储的位元数即为24bits。

（5）输出分辨率是指激光打印机等输出设备在输出图像每英寸所产生的点数。

色调、色相、饱和度和对比度

（1）色调就是各种图像色彩模式下图形原色（如RGB图像的原色为R、G、B三种）的明暗度，色调的调整也就是明暗度的调整。色调的范围是从0到255，总共包括256种色调。例如灰度模式，就是将白色到黑色之间连续划分为256个色调，即由白到灰，再由灰到黑。同样道理，在RGB模式中则代表各原色的明暗度，即红、绿、蓝三种原色的明暗度，将红色加深色调就成为了深红色。

（2）色相就是色彩颜色，对色相的调整也就是在多种颜色之间的变化。例如，光由红、橙、黄、绿、青、蓝、紫七色组成，每一种颜色即代表一种色相。

（3）饱和度是指图像颜色的彩度，调整饱和度也就是调整图像彩度。将一个彩色图像降到饱和度为0%时，就会变成一个灰色的图像，增加饱和度时就会增加其彩度。例如，调整彩色电视机的饱和度，您可以选择观看黑白或者彩色的电视节目。

（4）对比度是指不同颜色之间的差异。对比度越大，两种颜色之间的相差越大，反之，就越相近。例如，将一幅灰度的图像增加对比度后，图像会变得黑白更鲜明，当对比度增加到极限时，则变成了一幅黑白两色的图像；反之，将图像对比度减到极限时，灰度图像也就看不出图像效果，只是一幅灰色的底图。

色彩模式

颜色是大自然景观必不可少的组成部分,无论是在万紫千红的高山和田野,还是在千变万化的宇宙,都可以见到各种不同颜色的漂亮景观。在计算机绘图中,要勾画出一幅大自然的景观,则必须先设定图像的颜色。如果只是用一些简单的数据来定义颜色似乎不容易实现,因此,聪明的计算机专家们便定义出许多种不同的色彩模式来定义色彩,如有 RGB 模式、CMYK 模式、灰度模式、LAB 颜色模式等。不同的色彩模式所定义的颜色范围不同,所以它的应用方法也就各不相同。

三、图文设计的基本理论

1. 设计的概念

何谓设计?从词源学上看,"设计"一词,在过去有图案、设计、构想等解释。通常,"设计"一词是这样解释的:"在正式做某项工作之前,根据一定的目的要求,预先制定方法、图样等。"①它包括两种意思:①动脑筋想办法;②构思工业产品的形状、造型、色彩或组合状态,或加入装饰性的创造配置、照明等项计划,完成之后以设计图来表现。这就是说,预计将要推展某种"器物"时,应对其形态结构、产生的程序、方法先有完整的策划,之后再作计划并以图或其他方式表现出来。

按照上述有关"设计"的定义,可以把设计理解为一个思维过程,即确定"形"的过程,也就是为产生连贯有效的整体而建立各部分之间相互联系的思想计划。据此,设计按其广义来说,是指具有明确目标的构思与计划。这包括每一步骤的确立与编排,以求目标的实现。设计在狭义方面,是指把具有明确目标的构思与计划,通过一定的视觉化手段来创造形象的过程。形象创造是设计的可见成果。设计的目标却首先体现在是否满足现代人类生理和心理功能的需要。因此,功能决定形象。但创造美好的形象又是设计师不可推卸的责任,美好的形象有助于功能的发挥,有助于环境的美化,有助于消费者的接纳和使用。

2. 设计中美的形式原理

美总是通过特定形式来显现的,而同时,形式美也是美的一种特殊形态。人类创造美和欣赏美都要从形式美开始。形式美是人类符号实践的一种特殊形态,是从具体美的形式中抽象出来、由自然因素及其组合规律构成的、具有独立审美价值的符号体系。形式美的构成,需要一定的自然物质因素作为其存在和被人感知的基础。构成形式美、同时也构成人借以感知形式美的自然物质基础的要素是色彩、形体和声音,简称色、形、音。在决定一种对象的美或丑的条件时,离开它原有的意义及内容,单从它的形式去鉴赏或研究,称为"美的形式原理"。一般原理与法则,有"调和与对比(统一与变化)"、"对称与平衡"、"节奏与律动"、"反复与渐变"、"比例与尺度"等,要求设计人员掌握并加以研究。

调和与对比(统一与变化)

"调和"的广义解释是:判断两种以上的要素,或是部分与部分的相互关系的美的价值时,各部分所显示的感觉内容,给我们的感受意识,不是分离或排斥的,而是统一的全体现象和发挥高次元的感觉效果。狭义的说法是"统一"和"对比"的中间相称。

"调和"的反面是"不调和"。单独的一条线或是一种颜色,就是所谓"调和"矩形的长边及短边的两部分,或是两种颜色的关系,就可以决定是否"调和"。但如果两种以上要素完全

① 现代汉语词典.第 2 版.北京:商务印书馆,1983

同一时，与其说不失为"调和"，毋宁说是属于"单调"。良好的"调和"一般都在于要素的相互间具有一种共同性，同时也有部分差异，才能获得。

在质或量方面相互差异甚大的两个要素，同时或暂时配列在一起时，两者的相互特征会更加上一层令人感到强烈的对照现象，称为"对比"。"对比"是为了使主题具有变化。"对比"的现象不仅是因色调明暗相异而发生，还有如大小、动静、垂直与水平、多与少、粗与细、疏与密等都属于对比的法则。因此在设计造型上，"对比"的运用会特别地加强作品的效果，是适用于设计构成的一大原则。

对称与平衡

在某一图形的中央，假定有一条直线，使图分为等距离的左右两部分，并且使其形状相对时，这个图形称为左右"对称"。如左面所看到的人体，以及许多自然物、汽车或其他制品都处于对称状。若不是直线轴，而以点为中心构成时，称为"点对称"；"放射对称"和"递对称"就是属于此类。"对称"的图形是表现安定感的最好造型。

"平衡"又称均衡。在部分与部分重量或感觉的关系上，两者由一支点支持，并获得力学的平衡状态时，称为"平衡"。在立体物方面，有的是指实际的重量关系，而在平面的构图上，是指量及质在视觉上所获得的"平衡"。因此，设计的"平衡"，并不是实际重量的均等，而是从重量、大小以及材质上的感觉所判断出的"平衡"。不能保持"平衡"，会给人一种不安定的感觉，称为不平衡。采用"平衡"构图的造型设计，具有安定与稳定感。

节奏与律动

节奏是根据反复、错综和转换、重叠的原理加以适度地组织，使之产生高低、强弱的变化。在展示艺术表现形式中，通常表现为对形、线、色、音的反复变化。有时表现为相间交错的变化，有时表现为重复出现的形式。

"律动"又称"韵律"。本来是对音乐或舞蹈而言，具有时间现象的用语，但也可运用到美术设计上。例如几个部分或单位，以一定的间隔配列时，就会产生"律动"感。一般而言，"律动"能够带给设计作品一种生气，具有积极或跃动地提高诉求效果的可能性，并且能给观众不可思议的活力与魅惑的力量。但如应用不当，就会产生消极的退却，或引起睡意的不良效果。这一点是美术设计者必须注意的地方。

反复与渐变

"反复"就是"重复"。以同一条件继续不断地连续下去，称为"反复"。配列两个以上的同一要素，或是对象，就成为"反复"。有时富于变化的"反复"也会显现"律动"的效果，因此设计常采用变化对象的反复表现或描绘方法，以求得更好的诉求效果。假如是完全同一的东西，无变化地反复下去，其结果是极端的沉默。

渐变，含有渐层变化的阶梯状特点，或渐次递增或逐渐减少。

比例与尺度

比例，是指在一个形体之内（或空间当中），将其各部分关系安排得体，如大小、高低、宽窄等均形成合理的尺度关系。

尺度，则指标准，是设计中的计量、评价等的基准。换言之，尺度是设计对象的整体或局部与人的生理尺寸或人的某种特定标准的计量关系。完美的设计形式，离不开协调匀称的比例尺度。设计中常用的比例主要有黄金分割比、数列比等。

3. 图文设计的要素

在图文设计中我们主要强调包括色彩、图形、文字在内的三大设计要素。

（1）色彩美的创造。色彩美是通过色与色的相互搭配组合，运用色彩的对比与调和理论，调节色彩的变化与统一关系，形成色彩的秩序，进而产生各种不同的情感效果，如音乐的七个音符可以谱成动听的曲调，赤、橙、黄、绿、青、蓝、紫七种颜色也可构成和谐、舒适、优美的色调，产生赏心悦目的色彩构成美。

色彩构成的形式美原理建立在色彩配置与布局等方面的变化与统一、节奏与韵律、平衡与均衡、主导与次从、层次与呼应等形式规律之上。

色彩的变化与统一

即色彩的对比与调和，它涉及了色彩的色相、明度、纯度、冷暖以及面积、形状与位置等诸多因素，如何处理这诸多因素的变化与统一关系，是获得色彩美感的最重要的保证之一。色彩的变化与统一是相反相成、相互补充的两个方面，二者缺一不可，只求统一而无变化的配色，则会出现刻板、单调、无力乏味的感觉，只讲变化而无统一，会使用色混乱无序、失去和谐之美。只有在变化中求统一，统一中求变化，才能达到既生动又和谐的色彩效果。

色彩的节奏与韵律

如同音乐的音节，色彩的色节通过移动变化、重复渐变，从而产生色彩的节奏感。当视线随着色彩空间性节奏的引导，表现出一定方向性的运动变化，就会产生韵律感，带来视觉上富有生气的跳跃和律动的美感。

色彩的均衡与平衡

色彩均衡与平衡的取得，包括色彩的配置、布局，以及与各对比要素之间所形成的视觉平衡、需要从以下两个方面考虑：

色彩构图的均衡感：如同力学的杠杆原理，首先求得配色构图的重心，并以其为支点，追求上下左右以及对角关系的力量配置，取得色彩的均衡舒适感。

色彩视觉的平衡感：黑与白、灰与纯和补色关系的对等互补因素以及色性与色彩面积的反比关系，都是取得视觉平衡感的基本条件。

色彩的主导与次从

配色与形态内容相结合必有宾主之分，主色与宾色之间是色彩的主导与次从关系。色彩的主导色，并不等于主调色，面积也不一定大，一般处于重要的主体部分，应配以较为夺目、吸引力较强的色彩，以形成配色的中心主导色。宾色起烘托作用，没有作为陪衬的宾色，也就不会有主色。所以色彩的主导与次从是相依并存的关系，主次分明是获得具有感染力配色的重要因素。

色彩的层次

色彩可以表现空间层次，所谓三度空间就是利用色彩的前进与后退感，在平面上塑造近景、中景、远景的空间层次感。色彩的层次表现，色相、明度和纯度均有重要作用，其中明度的作用尤为重要，明暗变化可以形成层次分明的色彩关系，特别是黑色与白色，常常被用来强化色彩的层次。色彩一般分三至五个层次为宜，低于三个，感觉层次单一，而多于五个，也会因层次过多造成分辨不清，而失去层次感。

色彩的呼应

配色中色与色之间，需要在同一、同类或同种性质基础上的彼此呼应关系，产生相互间的联系，使你中有我、我中有你，这是配色中获得和谐美的常用方法。色彩呼应的形成，可从色彩的位置、布局、空间距离的组合排列中产生，另一方面，也可使多种色彩具有共同的性质和同一的因素，以产生相互间的呼应关系。

（2）文字的设计。文字设计是依据现代设计的需求，将文字形态施以美化的造型活动。对文字进行清晰完美的设计，可以增强文字的形象魅力。优美漂亮的字体对于文化交流、视觉传达设计、商品促销诸方面将起到视觉的冲击效果，以引起人们的关注。文字设计范围包括：①字形选择；②文字编排；③文字装饰；④文字形象；⑤文字意义；等等。

文字设计是平面设计的重要组成部分，属于实用美术范畴。它的设计优劣与设计者的艺术经验、学识修养等多方面因素有关。但能否突破程式化、概念化、一般化的习惯思维模式，从不同角度和方位来思考问题，通过不同途径扩大艺术视野，最大限度发挥设计者的艺术想像力，这是字体设计成功的主要因素。另外还要注意下列各条件：

①字体设计必须配合宣传内容，适合使用目的。

②文字必须规范化，字体必须具有可读性。

③字体应富于美感和时代感，传统字体可以运用，但在形式上要有创新，不可陈旧。

④字体运用于包装设计、书籍装帧设计、广告设计等方面要符合整体设计的意图。

在进行字体设计时，不仅要学习文字的造型理论，在实际操作过程中，还必须适应视觉心理的错觉和平衡，因为字体设计是通过眼睛来达到人与人之间的信息传达的。

（3）图形的设计。图形是一种世界语言，因为它超越了地域和国家，不分民族、不分国家，普遍为人所看懂。在设计中，一切具有形象的都可称之为图形，包括摄影、绘画和图案装饰，有写实的，有抽象的，还有写意的。图形的表达比文字更形象、更具体、更富有寓意，它是设计中的视觉美点。图形是通过视觉语言的形式来体现和传达画面的主题的，是以摄影、绘画等艺术手段使画面的主题个性形象化。在设计中，图形的表现形式主要可分为具象图形、抽象图形、装饰图形和漫画图形这几种形式：

①具象图形即是形象的写实。图形，它是采用写实的摄影和绘画的手段，并以富于感情色彩的手法来表现设计的特点和内容，使观众可通过具体的形象，充分理解画面的内容主题，并引起观众情感上的共鸣。

②抽象图形，是采用非写实的抽象化了的视觉语言。简洁而概括的抽象图形，具有强烈的视觉效果。抽象图形又可分为：a. 简洁化图形。即是采用理性的归纳方法，将自然形象进行概括、简化，舍弃一切具体的东西，越过具象的界限构成的抽象形态。b. 偶然图形。则是利用偶然的效果或利用颜色混合变化形成的效果而产生的图形。c. 装饰图形。是通过来用装饰的造型、色彩并把物象的形象加以变化、美化、修饰，以其优美的视觉效果来引起观众注目的图形。d. 漫画图形。是以轻松、幽默的手法把图形形象作漫画化的有趣夸张，在图形设计中，这种幽默、滑稽的表现形式能增加观众的亲切感和兴趣。

4. 图文的编排设计

编排设计是按照一定的视觉表达内容的需要和审美的规律，结合各种平面设计的具体特点，运用各种视觉要素和构成要素，将各种文字图形及其他视觉形象加以组合编排、进行表现的一种视觉传达设计方法。编排设计是一种重要的视觉表达语言，从一定的意义上讲，编排设计是一门具有相对独立性的设计艺术。

任何一个平面空间的设计都涉及到一个将各种视觉要素有序地加以组合，并最大限度地发挥这些要素的表现力的问题。在我们的现实生活中，不管是设计一张简单的 POP 广告，或者是制作一份送给朋友的贺卡，甚至是出黑板报，都有一个如何编排设计的问题。图形、色彩、文字通过恰当而有艺术感染力的编排设计，可以使设计作品更能吸引观众、打动观众，可以使作品的内容更清晰更有条理地传达给观众。编排设计的原则：

（1）主题鲜明突出。编排设计的最终目的是使版面产生清晰的条理性，用悦目的组织来更好地突出主题，达成最佳的诉求效果。它有助于增强观众对版面的注意，增进对内容的理解。要使版面获得良好的诱导力，鲜明地突出诉求主题，可以通过版面的空间层次、主从关系、视觉秩序及彼此间的逻辑条理性的把握与运用来达到。

按照主从关系的顺序，使放大的主体形象成为视觉中心，以此来表达主题思想。

将文案中多种信息作整体编排设计，有助于主体形象的建立。

在主体形象四周增加空白量，使被强调的主体形象更加鲜明突出。

（2）形式与内容统一。编排设计所追求的完美形式必须符合主题的思想内容，这是编排设计的前提。只讲完美的表现形式而脱离内容，或者只求内容而缺乏艺术的表现，编排设计都会变得空洞和刻板，也就会失去编排设计的意义。只有将二者统一，即设计者首先深入领会其主题的思想精神，再融合自己的思想感情，找到一个符合两者的完美表现形式，编排设计才会体现出它独具的分量和持有的价值。

（3）强化整体布局。即将版面各种编排要素（图与图、图与文字）在编排结构及色彩上作整体设计。当图片和文字少时，则需以周密的组织和定位来获得版面的秩序。即使运用"散"的结构，也是设计中特意的追求。对于连页或展开页，不可设计完左页再来考虑右页，否则，必将造成松散、各自为政的状态，也就破坏了版面的整体性。如何获得版面的整体性，可从以下方面来考虑：

①加强整体的结构组织和方向视觉秩序。如水平结构、垂直结构、斜向结构、曲线结构等。

②加强文案的集合性。将文案中多种信息组合成块状，使版面具有条理性。

③加强展开页的整体性。无论是产品目录的展开页版，还是跨页版，均为同视线下展示，因此，加强整体性，可获得更良好的视觉效果。

四、与传统教材相比，本实验教材的特色

1. 针对性强

本书主要根据各级各类院校学生的特点和计算机基础，针对实验室教学要求，集中介绍了 Photoshop、Coreldraw 两大平面设计主流软件，精心安排和组织以实验教学为中心的学习内容，使读者学以致用，充分掌握电脑广告图文设计与制作技能。

2. 实用性强

本书摒弃了陈旧的理论说教的做法，完全将作为广告设计人员所必须掌握的实际工作技能融入一系列实验训练环节之中，全面而又精练。从需要掌握的"实验目的"出发，通过"实验基本理论"、"实验内容与步骤"、"实验注意事项"、"实验中常见问题与操作技巧解答"等实用的部分进行详尽讲解及具体指导，最后通过"实验报告"、"思考与练习"加深和强化训练，使每一位读者都能很快掌握所学知识并能运用到实际工作中去。

3. 可操作性强

传统的电脑设计类教材注重软件知识的全面性和系统性介绍，而忽略了电脑设计的本质是设计。一个优秀的电脑设计者不仅要重视电脑技术的操作，更应重视设计艺术的表现，尤其应重视创意意识的培养。所以本书在介绍设计软件的同时，充分结合专业特点，启发和引导读者运用电脑技术去创造符合人们审美要求的作品，具有较强的可操作性。

4. 可读性强

本书在具体内容编排上，注意内容安排循序渐进、承前启后，力图体现实验课程的教学要求和以学生为中心的教学模式。全书共有 16 个实验，详细介绍了中文版 Photoshop、Coreldraw 的基本应用及其在图文设计中的实际的应用型训练。

5. 结构清晰、学习目标明确

本书的每一个实验章节都有明确的学习目的、学习内容，由理论到实践层层推进，结构清晰，易于掌握。

全书介绍的操作方法实用新颖，知识面广，实例典型，具备实用性、针对性和通俗易懂性。本书适合于从事广告创意、平面设计、产品包装、多媒体制作等专业的设计者使用，同时也可供高等院校相关专业学生和平面设计爱好者学习参考。

实验 1　Photoshop 创建选区工具的运用

实验目的

本实验是针对 Photoshop 中创建选区工具的使用来展开的，通过实验要求学生了解、掌握创建选区工具的具体使用方法及操作。

实验预习要点

①Photoshop 的工作界面；②选取工具；③套索工具组；④魔棒工具。

实验设备及相关软件（含设备相关功能简介）

微型计算机系统配置包括硬件和软件两部分。

1. 硬件

Win9x/NT/2000/XP，要求内存为 128M 以上，一个 40G 以上的硬盘驱动器，真彩彩色显示器。

2. 软件

Photoshop 是 Adobe 公司推出的一款优秀的图像处理软件，也是众多图像软件中的佼佼者，广泛用于各种图像特效、文字特效、网页的特效制作、艺术绘画、构图设计等方面。无论是设计师、摄影师、印刷从业者，还是多媒体行家或视频制作者，Photoshop 能够以强大的功能帮助你提高效率，创作出不同的图像作品，并能将作品在多种电脑平台上生成和输出。

实验基本理论

在 Photoshop 中创建选区工具是非常重要的，在对图像进行处理之前，首先需要对所要处理的区域进行选取，在被选取的图像区域的边界上会出现流动的虚线框，称之为"选框"。选框外的区域就被保护起来，将不能进行任何操作。只有对选框内的区域，才能进行各种操作。

在 Photoshop 的工具箱中，可以选择三种类型的选区工具来创建选区，这三种选区工具是标准选取工具、魔棒选取工具、套索选取工具。

1.1　Photoshop 工作界面

Photoshop 的工作界面按其功能可分为标题栏、菜单栏、属性栏、工具栏、状态栏、控制面板、图像窗口等部分，如图1-1所示。下面详细介绍各部分的功能和作用。

图1-1 Photoshop 的工作界面

1. 标题栏

标题栏位于工作界面的最上方，在 Windows 默认设置中，标题栏显示为蓝色。标题栏左侧显示的是软件的图标和名称，当图像窗口显示为最大化时，标题栏中还将显示当前编辑文档的名称、颜色模式和显示比例。

在标题栏右侧有3个按钮。其中左侧和中间的按钮用于控制界面的显示大小，右侧的按钮用于关闭文件。

2. 菜单栏

菜单栏位于标题栏下方，包含的命令有"文件"、"编辑"、"图像"、"图层"、"选择"、"滤镜"、"视图"、"窗口"和"帮助"，每个菜单下又包含了若干个子菜单。

除了可以用鼠标来选择菜单栏中的命令外，还可以使用快捷键来选择。有些命令的后面有英文字母组合，如"图层"菜单中的"合并图层"命令后面有"Ctrl + E"，表示可以直接按"Ctrl + E"组合键来执行"合并图层"命令。菜单栏有些命令后面有省略号"…"，表示选择该命令会弹出选项设置对话框；有些命令后有三角形图标▼，表示此命令含有下一级菜单。

菜单栏中有些文字显示为黑色，表示这些命令当前可执行；有些命令显示为灰色，表示这些命令当前不可用，只有在满足一定的条件之后方可执行。

3. 属性栏

属性栏位于菜单栏的下方，用于显示工具箱中当前所选择工具的选项设置。属性栏中的选项根据工具箱中选择工具的不同而发生改变，因此在使用工具编辑图像时，更换了工具，一定要检查属性设置栏中的参数设置是否是自己需要的。

4. 工具箱

工具箱的默认位置在工作界面的左侧，包含了 Photoshop 中的所有工具。工具箱中有些工具按钮右下角带有黑色小三角形符号▼，表示该按钮中包含了一个工具组。将光标移到此按钮上同时按下鼠标左键不放，隐藏的工具即会自动显示出来。

若要查看某按钮的名称，可将光标移到按钮上并停留一段时间，该按钮的名称就会显示出来。

5. 状态栏

状态栏位于 Photoshop 工作界面的最下方，显示当前图像的状态及操作命令的提示信息。

6. 控制面板

控制面板又称为浮动面板，意思是可以随意将其移到其他位置，并可随意对各面板进行组合。默认状态下，控制面板位于工作界面的右侧。

Photoshop 中包括"图层"、"历史记录"、"通道"等 15 种控制面板。熟练掌握各个控制面板的功能可以大大提高我们的工作效率。

7. 图像窗口

图像窗口是用于创建文件和编辑文件的区域，图形的绘制以及图像的处理都在该区域内完成。

1.2 选取工具

选取工具中包含了矩形、椭圆、单行、单列选框工具，如图 1-2 所示。

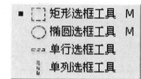

图 1-2 选取工具

1.  矩形选框工具

矩形选框工具可以在图像或图层中选取矩形选区。使用矩形选框工具在图像上拖动，即可看到一个由虚线围成的矩形。当虚线框符合用户需要的大小和形状时，放开鼠标按键，一个如图 1-3 所示的矩形选区就制作好了。

提示：当要制作正方形选区时，只要在使用矩形选框工具的同时按住 Shift 键即可。

图 1-3 矩形选区

选中矩形选择工具，属性栏状态如图 1-4 所示。

在矩形选框工具属性栏中， 为选择方式选项，依次为：①新选择——去除旧选区，选择新选区。②增加选择——在原有选区的上面再增加新的选区。③减去选区——在原有选区上减去新选区的部分。④重叠选择——选择新旧选区重叠的部分。

羽化选项用于设定选区边缘的羽化程度。消除锯齿选项，用于清除选区边缘的锯齿。属性栏的样式选项用于选择类型：①正常选项为标准类型，见图 1-5。②固定长宽选项用于设

图 1-4　矩形选框工具属性栏

定长宽比例来进行选择。③固定大小选项则可以通过固定尺寸来进行选择。

2. 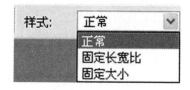 椭圆选框工具

椭圆选框工具可以在图像或图层中选取出圆形或椭圆形选区。

图 1-5　矩形选框工具属性栏的样式选项图

制作椭圆形选区的方法与制作矩形选区的方法相同，如果在拖动的同时按下 Shift 键便可将选区设定为圆形，图 1-6 就是使用椭圆选框工具所制作的椭圆形选区。

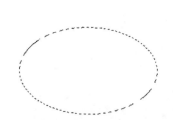

图 1-6　椭圆形选区

椭圆形选框工具属性栏如图 1-7 所示，其有关内容同矩形选框工具属性栏的内容相同。

图 1-7　椭圆选框工具属性栏

矩形和圆形的选区是 Photoshop 中经常用到的，它们制作起来也非常简单。

如果用户要在图像上选择一条一个像素宽的横线选区，可以使用单行选框工具。如用户要在图像上选择一条一个像素宽的竖线选区，可以使用单列选框工具。

3.  单行选框工具

选取该工具后在图像上拖动可确定单行（一个像素高）的选取区域。

4. 单列选框工具

选取该工具后在图像上拖动可确定单列（一个像素宽）的选取区域。

1.3　套索工具组

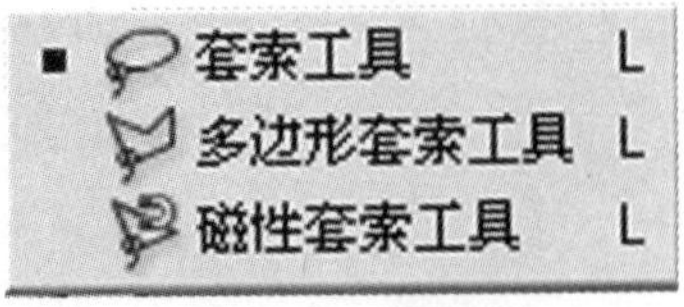

利用套索工具，可以手动选取不规则的区域。套索工具组主要包括套索工具、多边行套索工具和磁性套索工具，见图1-8。

图1-8　套索工具

1. 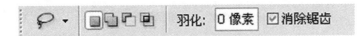 套索工具

套索工具可以用来选取无规则形状的图形。

利用套索工具可以在图像中或某一个单独的层中，以自由手控的方式选择选区。由于它可以选择出极其不规则的形状，因此一般用于选取一些无规则、外形复杂的图形。用户使用套索工具在图像的当前层上按要求的形状进行拖动，像使用画笔一样画出一条虚线来围成所需的选区。当用户放开鼠标左键时，虚线的起点和终点之间会自动以一条直线连接，形成一个封闭浮动选区，如图1-9所示。

提示：当使用套索工具的同时按住 Alt 键，则套索工具暂时变为多边形套索工具。

图1-9　套索工具选区

选中套索工具，属性栏将显示如图1-10所示的状态。

图1-10　套索工具属性栏

在套索工具属性栏中，  为选择方式选项。

2. 多边形套索工具

多边形套索工具可以用来选取无规则的多边形图形。

利用多边形套索工具可以在图像中或某一个单独的层中，以自由手控的方式进行多边形不规则选择。它可以选择出不规则的多边形形状，一般用于选取一些复杂的、棱角分明的、边缘呈直线的图形。用户使用多边形套索工具在图像的当前层上按要求的形状进行单击，所单击的点将成为直线的拐点。最后，当用户双击时，将自动封闭多边形并形成选区，如图1-11所示。

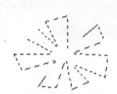

图 1 – 11 　 多边形套索工具选区

多边形套索工具属性栏中的有关内容与套索工具属性栏的内容相同。

3.  磁性套索工具

磁性套索工具可以用来选取无规则的，但图形与背景反差大的图形。

在设定好所需参数后，我们可以使用磁性套索工具进行选取操作。使用磁性套索工具在图像上要选择的区域的边缘上单击，这样就确定了选区曲线的起点。接下来，可以在图像上单击来确定曲线的中间点。也可以只是将鼠标的指针靠近所要选择区域的边缘，并沿着区域的边缘移动，这样曲线将自动吸附在不同色彩的分界线上。最后，双击鼠标左键，曲线将自动封闭，我们需要的图形选区就创建好了，如图 1 – 12 所示。

图 1 – 12 　 磁性套索工具制作的选区

提示：当使用磁性套索工具时，如同时按住 Alt 键，磁性套索工具将暂时变为多边形套索工具。选中磁性套索工具，属性栏将显示如图 1 – 13 所示的状态。

图 1 – 13 　 磁性套索工具属性栏

在磁性套索工具属性栏中，□□□□ 为选择方式选项；羽化选项用于设定选区边缘的羽化程度；消除锯齿选项用于清除选区边缘的锯齿；宽度选项用于设定检测范围，磁性套索工具将在这个范围内选取反差最大的边缘；边对比度选项用于设定选取边缘的灵敏度，数值越大，则要求边缘与背景的反差越大；频率选项用于设定标记关键点的速率，数值越大，标记速率越快，标记点越多；压力选项用于设定专用绘图板的笔刷压力。

17

1.4 魔棒工具

魔棒工具可用于将图像上具有相近属性的像素点设为选取区域。

选中魔棒工具，单击图像中的某一点，即可将与这一点颜色相同或相近的点自动融入选区中，选取出来。属性栏显示图1-14所示的状态。

图1-14　魔棒工具属性栏

在魔棒工具属性栏中，为选择方式选项；容差选项用于控制色彩的范围，数值越大，可容许的颜色范围越大；消除锯齿选项用于清除选区边缘的锯齿；用于所有图层选项用于将所有可见层中颜色容许范围内的色彩加入区。

提示：有时，我们需要选取图像中一个被某些相同或相近的颜色所填充的区域，这时就要用到魔棒工具。魔棒工具是Photoshop中应用得非常广泛的一种选择工具，而且它在使用上也非常方便。

魔棒工具的参数将影响魔棒工具在选择选区时对颜色差异的敏感程度。在设置完相应参数后，我们只要在想要选择的位置上单击要选择的颜色块，这时在被单击的像素的周围拥有相同或相近颜色的像素点都将被选中。使用魔棒工具时一定要注意调节其参数，否则可能无法全部选中所需的像素或选取了多余的点。

图1-15　魔棒工具制作的选区

实验内容与步骤

CD 盘面设计（Photoshop 中创建选区工具的运用）

（1）打开软件 Photoshop。

（2）新建一个 20cm×20cm 大小的新文件，注意其背景内容设定为透明，如图1-16所示。

（3）先用移动工具从标尺（按Ctrl+R 可调出标尺）拉出横竖两条参考线，再选择椭圆选区工具，按住 Shift和 Alt 键（Shift 键是为了保持正圆、Alt键是从圆心开始画圆），从参考线的交叉点开始拉出正圆形状。然后用油漆

图1-16

桶工具选择前景色为白色填充到选区内，如图 1 - 17 所示。

（4）然后在圆的中心画一个同心圆。第二个圆的画法也如上操作，这样就能保证是同心圆了，如图 1 - 18 所示。

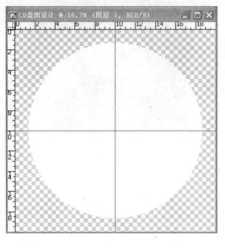

图 1 - 17   图 1 - 18

（5）不要取消选区，按 Delete 键删除中间的小圆，如图 1 - 19 所示。

（6）用魔棒工具将白色区域选上，执行编辑菜单下描边指令，选择黑色、2 个像素描边，如图 1 - 20 所示。

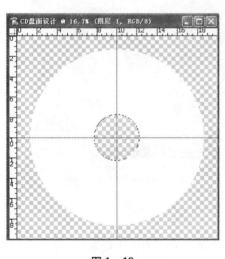

图 1 - 19   图 1 - 20

（7）重新将白色区域选上，并在"选择"菜单中选择"修改 - 收缩"，收缩参数 5 个像素，如图 1 - 21 所示。

（8）在选区中填充黑色即可完成盘面的设计，如图 1 - 22 所示。

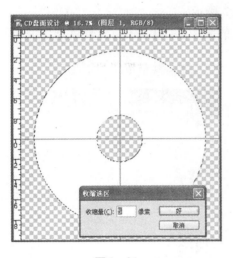

图 1 - 21

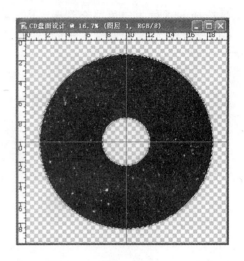

图 1 - 22

（9）如果需要有图片的贴入，打开一幅图片将其复制、粘贴，执行编辑菜单/粘贴入指令将图片贴入选区即可完成，如图 1 - 23 所示。

（10）完成样例，如图 1 - 24 所示。

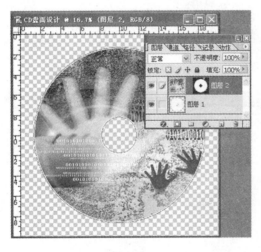

图 1 - 23

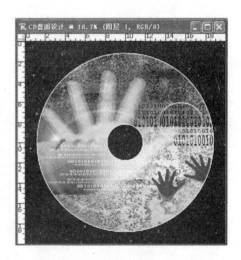

图 1 - 24

实验注意事项

（1）随时注意保存文件。为了避免所做的工作因意外原因而丢失，保存文件是一个非常重要的步骤。在制作过程中要经常注意随时保存。在 Photoshop 中，保存文件的方式有两种：一种是利用菜单栏中的"文件/保存"命令直接保存，这样会将所做修改直接保存到原文件；另一种是利用菜单栏中的"文件/存储为"命令，在保留原文件的情况下，将修改后的图像另外保存一份。

（2）分辨率的选择。为了保证设备的运行速度，我们通常在练习过程中可以设定文件的分辨率为 72 像素/英寸，这是 Photoshop 软件默认的满足普通显示器的分辨率。印刷用分辨率通常为 300 像素/英寸。

实验常见问题与操作技巧解答

（1）如何制作正圆形选区？

答：当要制作正圆形选区时，只要在使用椭圆选框工具的同时按住 Shift 键即可。

（2）如何控制矩形或椭圆选框工具的中心点？

答：在使用矩形或椭圆选框工具时同时按住 Alt 键即可。

（3）在何种情况下适合选择使用魔棒工具？

答：当我们需要选取图像中一个被某些相同或相近的颜色所填充的区域，这时就要用到魔棒工具。魔棒工具的参数将影响魔棒工具在选择选区时对颜色差异的敏感程度。在设置完相应参数后，我们只要在想要选择的位置上单击要选择的颜色块，这时在被单击的像素的周围拥有相同或相近颜色的像素点都将被选中。使用魔棒工具时一定要注意调节其参数，否则可能无法全部选中所需的像素或选取了多余的点。参数越大，魔棒工具在选择选区时对颜色差异的敏感程度越低，选择的区域将越大。

实验报告

将课堂实验完成的设计作品"CD 盘面设计"存储为 JPEG 格式发送到教师机。

思考与练习

（1）了解图像软件 Photoshop 的主要功能。

（2）在图像处理过程中选择区域有什么作用？

（3）在属性栏中 ▢▢◪▢ 选择方式选项的不同功能是什么？

（4）练习运用选择工具做"照片抠图"。

实验 2　Photoshop 图文创建工具的运用

实验目的

本实验是针对 Photoshop 中图形和文本创建工具的使用来展开，通过实验要求学生了解、掌握图形和文本创建工具的具体使用方法及操作。

实验预习要点

①画笔工具组；②文字工具组；③矢量图形工具组工具；④钢笔(路径)工具组。

实验设备及相关软件(含设备相关功能简介)

微型计算机系统配置包括硬件和软件两部分。

1. 硬件

Win9x/NT/2000/XP，要求内存为 128M 以上，一个 40G 以上硬盘驱动器，真彩彩色显示器。

2. 软件

用 Photoshop 即可。

实验基本理论

在 Photoshop 中图形和文本创建工具的使用可以让设计者方便地创建所需要的图形和文字、文本，并通过属性栏当中的不同选项的使用为图形和文字创建一些效果。在工具箱中可以选择使用画笔工具、文字工具、矩形工具、椭圆工具、不规则形状工具、钢笔工具来完成。

2.1　画笔工具组

1. 画笔工具

画笔工具可以模拟毛笔的效果在图像或选区中进行图形绘制。选中画笔工具属性栏，显示如图 2-1 所示的状态。在画笔工具属性栏中有选择笔刷、各种混合模式、设定不透明度等选项，如图 2-2、图 2-3。

图 2-1　画笔工具属性栏

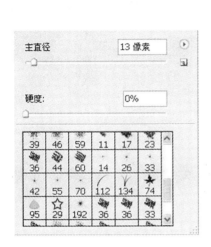

图 2-2　笔刷选择窗口

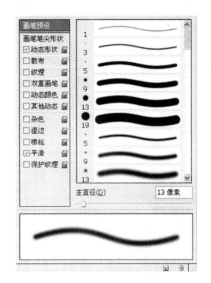

图 2-3　画笔预设面板

2. 铅笔工具

铅笔工具可以模拟铅笔的效果进行绘画。选中铅笔工具，属性栏显示如图 2-4 所示的状态。在铅笔工具属性栏中有选择笔刷、各种混合模式、设定不透明度等选项。

图 2-4　铅笔工具属性栏

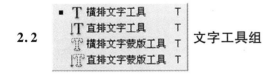

2.2　文字工具组

使用文字工具输入文字时，只需直接在工作界面中单击并输入即可，系统会自动创建一个文字层，用户可以随时对文字进行编辑修改。可以选择文字工具也可以选择文字蒙版工具来输入文字。

选中文字工具，属性栏将显示如图 2-5 所示的状态。在文本工具属性栏中，文字的横排或直排可以通过切换工具或者通过点击 来完成。

项用于设定文字的字体大小；

选项用于设定文字段落格式，分别是左对齐、居中对齐、右对齐；

按钮用于对文字进行变形操作。

图 2-5　文字工具属性栏

对文字进行变形操作时，单击 按钮将弹出如图 2-6 所示的变形文字对话框。

此外，除直接输入文字外，我们还可以在文本框中输入文字。选中文字工具，然后在图像欲输入文本处用鼠标拖曳出文本框，并在文本框中输入文字即可。文本框可进行旋转、拉伸等操作。

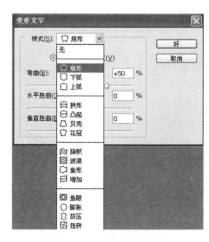

图 2-6　变形文字对话框

2.3　矢量图形工具组

1.　矩形工具

矩形工具可以用来绘制矩形或正方形。选中矩形工具，属性栏将显示如图 2-7 所示的状态。在矩形工具属性栏中，选项用于选择创造外形层、创造工作路径或填充区域；用于选择多边形路径工具的种类。

图 2-7　矩形工具属性栏

单击 选项中的小方块，将弹出如图 2-8 所示的矩形选项对话框。在对话框中可以通过各种设置来控制矩形工具所绘制的图像区域，包括不受限制、方形、固定尺寸、按比例、中心基准选项，此外对齐像素项用于使矩形边缘自动与像素边缘重合。

图 2-8　矩形选项对话框

2.　圆角矩形工具

圆角矩形工具可以用来绘制具有平滑边缘的矩形。选中圆角矩形工具，属性栏将显示如图 2-9 所示的状态。其属性栏中的内容与矩形工具属性栏的选项内容类似，只多了一项半径选项，用于设定圆角矩形的平滑程度，数值越大越平滑，如图 2-10 所示。

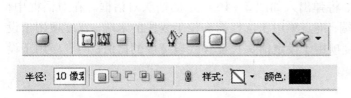

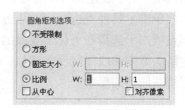

图2-9 圆角矩形工具属性栏　　　　**图2-10 圆角矩形选项对话框**

3.  椭圆工具

椭圆工具可以用来绘制椭圆或正圆。选中椭圆工具，属性栏将显示如图2-11所示的状态。其属性栏中的内容与矩形工具属性栏的选项内容类似，如图2-12所示。

图2-11 椭圆工具属性栏　　　　**图2-12 椭圆选项对话框**

4. 多边形工具

多边形工具可以用来绘制正多边形。选中多边形工具，属性栏将显示如图2-13所示的状态。其属性栏中的内容与矩形工具属性栏的选项内容类似，只多了一项边选项，用于设定多边形的边数。

单击工具种类选项中的小方块，将弹出如图2-14所示的多边形选项对话框。在对话框中，半径项用于设定多边形的半径；平滑拐角项用于使多边形具有平滑的顶角；缩进边依据项用于使多边形的边向中心缩进；平滑缩进项用于使多边形的边向中心平滑缩进。

图2-13 多边形工具属性栏　　　　**图2-14 多边形选项对话框**

5. 线条工具

线条工具可以用来绘制直线或带有箭头的线段。选中线条工具，属性栏将显示如图2-15所示的状态。其属性栏中的内容与矩形工具属性栏的选项内容类似，只多了一项粗

细选项，用于设定直线的宽度。

单击工具种类选项中的小方块，将弹出入如图 2-16 所示的箭头对话框。在对话框中，起点项用于选择箭头位于线段的始端；终点项用于选择箭头位于线段的末端；宽度项用于设定箭头宽度和线段宽度的比值；长度项用于设定箭头长度和线段宽度的比值；凹度项用于设定箭头凹凸的形状。

图 2-15　线条工具属性栏　　　　　　　图 2-16　箭头对话框

6. 自定义形状工具

自定义形状工具可以用来绘制一些自定义的图形。选中自定义形状工具，属性栏将显示如图 2-17 所示的状态。其属性栏中的内容与矩形工具属性栏的选项内容类似，只多了一项形状选项，用于选择所需的形状(图 2-18)。

图 2-17　自定义形状工具属性栏　　　　图 2-18　自定义形状选项对话框

单击形状选项中的小方块，将弹出如图 2-19 所示的形状面板，面板中存储了可供选择的各种自定义形状。

2.4　钢笔(路径)工具

所谓路径，就是用一系列点连接起来的线段或曲线，可以沿着这些线段或曲线进行描边或填充，还可以将其转换为选区。路径工具可以创建形状复杂的对

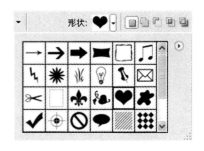

图 2-19　形状面板

象，它最大的特点就是容易编辑，在任何时候都可以通过锚点、方向线任意改变它的形状，特别是在特殊图像的选取和各种特效字与图案的制作等方面。

路径主要由钢笔工具创建，使用钢笔工具组中的其他工具可以对路径进行修改。路径是由贝塞尔曲线构成的线条或图形，所谓的贝塞尔曲线是由 3 点的组合定义成的，一个点在曲线上，另外两个点在控制手柄上，拖动这 3 个点可以改变曲度和方向。

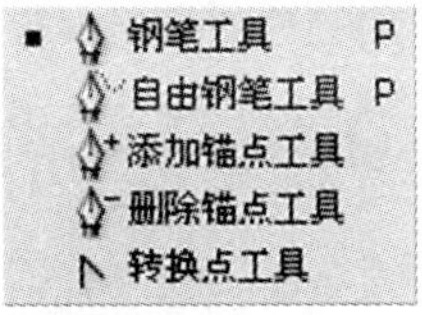

 钢笔工具用于创建直线或曲线路径。

1. ◇ 钢笔工具

选中钢笔工具，属性栏将显示如图 2 - 20 所示的状态。

图 2 - 20   钢笔工具属性栏

在钢笔工具属性栏中，□▨□ 选项用于选择创造形状图层或创造工作路径；自动添加/删除选项用于自动增加或删除节点。

其中，样式选项为层风格选项；颜色选项用于设定色彩混合模式。

2. ◇ 自由钢笔工具

自由钢笔工具可以自由手控创建路径。选中自由钢笔工具，属性栏将显示如图 2 - 21 所示的状态。

图 2 - 21   自由钢笔工具属性栏

在自由钢笔工具属性栏中，□▨□ 选项用于选择创造形状图层或创造工作路径；磁性选项用于激活磁性钢笔工具按钮。

单击磁性的按钮，将弹出如图 2 - 22 所示的自由钢笔选项对话框。在对话框中，可对磁性钢笔工具控制范围的宽度、灵敏度和频率进行设定。

3. ◇ 添加点工具

添加点工具用于在已创建的路径上插入关键点。

4. ◇ 删除点工具

删除点工具用于删除路径上的关键点。

图 2 - 22   自由钢笔选项对话框

5. ∧ 转换点工具

转换点工具用于改变路径的弧度。

2.5 ▸ 路径选择工具 A
     ▸ 直接选择工具 A   **路径选择工具**

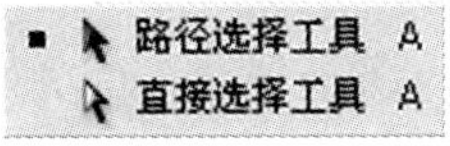

1. ▸ 路径选择工具

可以用于选择一个或多个路径并对其进行移动、组合、排列、分发和交换。选中路径选择工具，属性栏将显示如图 2 - 23 所示的状态。

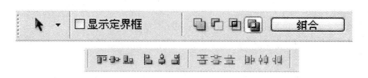

图 2-23　路径选择工具属性栏

在路径选择工具属性栏中，![img] 选项用于选择组合方式，选好组合方式后可按"组合"按钮完成组合；![img] 选项用于对路径进行排列和分发。

如果要对路径进行变换操作，则要选中显示定界框选项。此时，路径选择工具属性栏将显示如图 2-24 所示的状态。路径变换时的信息将显示在此。

图 2-24　路径选择工具属性栏

2. ![img] 直接选择工具

直接选择工具可以用来选择路径中的关键点，并通过拖动这些关键点来改变路径的形状。

实验内容与步骤

绘制百事可乐标志设计（Photoshop 中图文创建工具的运用）

（1）打开软件 Photoshop。

（2）执行文件/新建指令新建一个 20cm×20cm 大小的新文件，如图 2-25 所示。具体参数如图 2-25 所示。

（3）将前景色调整为蓝色，选择椭圆工具，结合键盘上的 Shift 键，绘制一个正圆形，如图 2-26 所示。

（4）执行菜单图层/复制图层指令，将图层一的内容复制成图层副本一，圆形的颜色改为白色。

图 2-25

（5）再次执行菜单图层/复制图层指令，将图层副本一内容复制成图层副本二，圆形的颜色改为红色，如图 2-27 所示。

（6）以图层副本二为当前工作层，选择矩形工具，在选择方式选项中选择"交叉形状区域"，绘制一个矩形，如图 2-28 所示。

（7）在钢笔工具当中选择"添加锚点"工具在矩形的下方添加一个锚点，并向上拖动右边的锚点控制柄，如图 2-29 所示。

图2-26

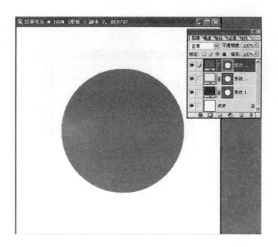

图2-27

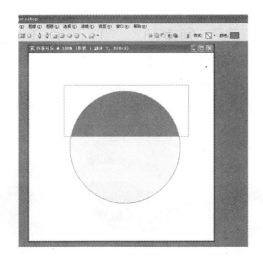

图2-28

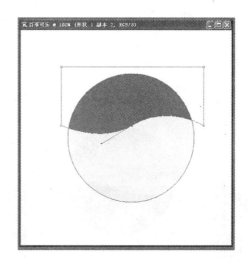

图2-29

（8）选用路径选择工具结合键盘上的 Alt 和 Shift 键将矩形进行复制和垂直向下移动，如图2-30所示。

（9）执行编辑菜单下的编辑/剪切指令，然后以图层副本一作为当前工作层，执行编辑菜单下的编辑/粘贴指令，将剪切的路径粘贴到此层，如图2-31所示。

（10）执行选择方式选项中"从形状区域减去"指令，如图2-32所示。

（11）执行编辑菜单下的编辑/变换路径/水平翻转和垂直翻转指令，然后将矩形调整到合适位置即可，如图2-33所示。

（12）完成样例如图2-34所示。

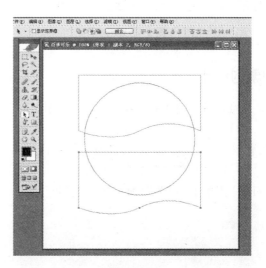

图2-30

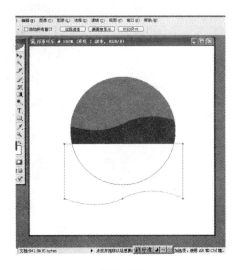

图 2-31

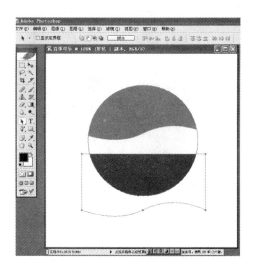

图 2-32

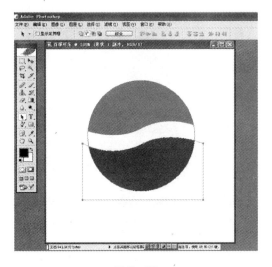

图 2-33

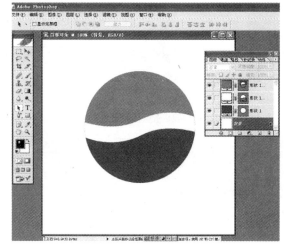

图 2-34

邮票的设计

(1)打开软件 Photoshop,并准备一张图片素材,图片最好保持邮票的比例。

(2)新建一个自定义文件,文件大小为 A4,分辨率为 72(像素/英寸),色彩模式为 RGB 模式,背景色为白色。然后将你所选的图拷贝粘贴至新建文件中。如图 2-35。

(3)在图层面板上按住 Ctrl 键,点击 Layer1,将图层 1 中的图像载入选择区,执行"选择"(Select)菜单下"修改"(Modify)/"扩展"(Expand)指令,将选区扩大 5 个像素。

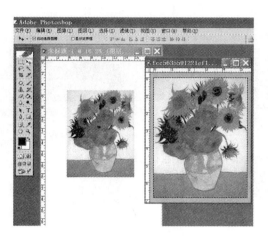

图 2 - 35　拷贝粘贴素材

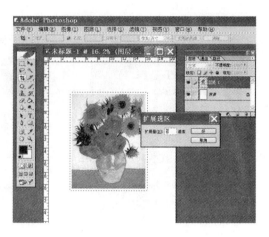

图 2 - 36　扩展选取

（4）在选择菜单中执行"反选"指令（Shift + Ctrl + I），将现在的选择区域填充为黑色，如图 2 - 37 所示。

（5）再次反选，以画面内容为选择范围。在工具箱中选择笔刷工具，点击开笔刷属性面板，执行"画笔笔尖形状"，将"直径"（Diameter）设为 30；"硬度"（Hardness）设为 100；"间隔"（Spacing）设为 120；"角度"（Angle）设为 0。此时的新笔刷就是做邮票齿牙用的，如图 2 - 38 所示。

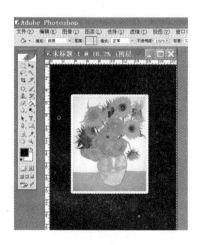

图 2 - 37

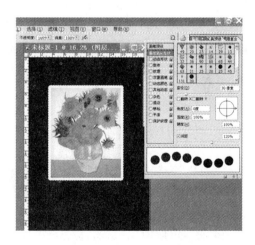

图 2 - 38　画笔选项面板

（6）打开路径面板，在面板右角上点击图标，在下拉菜单中选择"建立工作路径"，如图 2 - 39 所示。

（7）在工具箱中保持选择"画笔"工具，然后继续点击路径面板，选择"描边路径"指令，在此对话框中，工具一项选择"画笔"，执行即可，如图 2 - 40 所示。

（8）点击路径面板上下拉菜单执行"删除路径"，将选择区域删除就完成了邮票效果的制作，如图 2 - 41 所示。

31

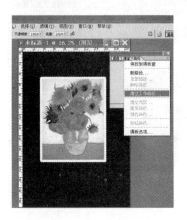

图2-39　建立工作路径选项

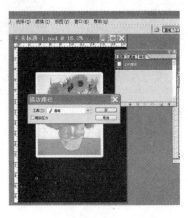

图2-40　描边路径对话框

图2-41　邮票效果图

实验注意事项

（1）文字工具在使用过程中竖向文字工具、轮廓文字工具、竖向轮廓文字工具的使用与文字工具基本相同。但轮廓文字输入的是文字轮廓，使用轮廓文字工具（包括横向和竖向轮廓文字工具）后，系统以输入的文字轮廓建立选区，选区要通过填充以后才可以变成文字。使用轮廓文字工具建立文字选区后，我们就可以使用各种编辑选区的工具对文字选区进行操作（例如可以扩大选区、将选区存为路径、变换选区等），所有对选区的操作都会对文字有效，可以给文字的编辑带来极大的方便。

（2）文字可以转换为工作路径和形状进行编辑，也可以将其进行栅格化处理。另外，还可以将输入的美工文字与段落文字进行互换。

实验常见问题与操作技巧解答

（1）画笔的笔刷可以自定义吗？

如果需要用自定的图像形状来建立画笔，其标准的做法如下：

打开并选取要作为画笔的图像区域，如果希望画笔的边缘柔和一点，可以在选取工具属性栏的"羽化"设置项中输入羽化值。

执行"编辑\定义画笔"命令，此时弹出"画笔名称"对话框，在名称栏中输入画笔的名称后，按下"确定"即可。如果把整个图像文件作为画笔，则名称中会自动出现与原图像文件名相同的名称，可以使用原有名称，也可以重命名。

（2）直接选择工具在使用时是否有便捷的使用方法？

直接选择工具可以用来移动路径中的锚点或线段，也可以改变锚点的动态。此工具设有属性栏，具体使用方法是：确认图像文件中已经有路径存在后，选择直接选择工具，然后单击图像文件中的路径，此时路径上的锚点全部显示为白色。单击白色的锚点，可以将其选中。当锚点显示为黑色时，用鼠标拖曳选择的锚点，可以修改路径的形态。单击两个锚点之间的直线段（曲线除外）并进行拖曳，可以调整路径的形状。

当需要在图像文件中同时选择路径上的多个锚点时，可以按住键盘上的"Shift"键，然后依次单击要选择的锚点。或用框选的形式，框选所有需要选择的锚点。

按住"Alt"键，在文件中单击路径，可以将其选择，即全部锚点都显示为黑色。

　　拖曳平滑点两侧的方向点可以改变其两侧曲线的形状。按住"Alt"键并拖曳鼠标,可以同时调整平滑点两侧的方向点。按住"Ctrl"键并拖曳鼠标,可改变平滑点一侧的方向。按住"Shift"键并拖曳鼠标,可以调整平滑点一侧的方向按照 45°角的倍数跳跃。

　　按下"Ctrl"键,可以将当前工具切换为路径选择工具,然后拖曳鼠标,可以移动整个路径。再次按下"Ctrl"键,可将路径选择工具转换为直接选择工具。

实验报告

　　将课堂实验完成的设计作品"百事可乐标志设计"存储为 JPEG 格式发送到教师机。

思考与练习

　　(1)如何调整和编辑画笔工具的笔刷?

　　(2)理解路径的含义。

　　(3)掌握创建路径及编辑路径的方法。

　　(4)练习运用路径工具做"图片中复杂的形象完整选取"。

　　(5)练习运用文字变形指令设计一张以文字为主体画面的海报。

实验 3　Photoshop 编辑工具的运用

实验目的

本实验是针对 Photoshop 中编辑工具的使用来展开的,通过实验要求学生了解、掌握编辑工具的具体使用方法及操作。

实验预习要点

①模糊工具组;②亮化工具组;③图章工具组;④历史记录画笔工具组;⑤渐变工具;⑥油漆桶工具;⑦修复画笔工具组;⑧橡皮擦工具组。

实验设备及相关软件(含设备相关功能简介)

微型计算机系统配置包括硬件和软件两部分。

1. 硬件

Win9x/NT/2000/XP,要求内存为 128M 以上,一个 40G 以上硬盘驱动器,真彩彩色显示器。

2. 软件

用 Photoshop 即可。

实验基本理论

3.1　模糊工具组

模糊工具组由模糊工具、锐化工具和涂抹工具组成。模糊工具可柔化图像中的硬边缘或区域,以减少细节。锐化工具可聚焦软边缘,以提高清晰度或聚焦程度。涂抹工具可模拟在湿颜料中拖移手指的动作。

1. 模糊工具

模糊工具可以使图像的色彩变模糊。选中模糊工具,属性栏将显示如图 3 – 1 所示的状态。在模糊工具属性栏中,画笔选项用于选择画笔的形状;模式选项用于设定模式;强度选项用于设定压力的大小；用于所有图层选项用于确定模糊工具是否对所有可见层起作用。

图 3-1　模糊工具属性栏

2. △ 锐化工具

锐化工具可以使图像的色彩变强烈。选中锐化工具，属性栏将显示如图 3-2 所示的状态。其属性栏中的内容与模糊工具属性栏的选项内容类似。

图 3-2　锐化工具属性栏

3. 涂抹工具

涂抹工具可模拟在湿颜料中拖移手指的动作。该工具可拾取描边开始位置的颜色，并沿拖移的方向展开这种颜色。使用时选择涂抹工具，并在选项栏中执行下列操作：选取画笔和设置画笔选项；指定混合模式和强度；选择"用于所有图层"，可利用所有能够看到的图层中的颜色数据来进行涂抹；如果取消选择该选项，则涂抹工具只使用现有图层的颜色；选择"手指绘画"可使用每个描边起点处的前景色进行涂抹；如果取消选择该选项，涂抹工具会使用每个描边的起点处指针所指的颜色进行涂抹；在图像中拖移以涂抹颜色。

涂抹工具可以制作出一种类似于水彩画的效果。选中涂抹工具，属性栏将显示如图 3-3 所示的状态。其属性栏中的内容与模糊工具属性栏的选项内容类似，只是多了一个手指绘画选项，用于设定是否按前景色进行涂抹。

图 3-3　涂抹工具属性栏

在 Photoshop 中，当用涂抹工具拖移时，按住 Alt 键（Windows）或 Option 键（Mac OS）可以使用"手指绘画"选项。

3.2　亮化工具组

1. 减淡工具

减淡工具可以使图像的亮度提高。选中减淡工具，属性栏将显示如图 3-4 所示的状态。在减淡工具属性栏中，画笔选项用于选择画笔的形状；范围选项用于设定图像中所要提高亮度的区域：其中中间调选项用于提高中等灰度区域的亮度，暗调选项用于提高阴影区域的亮度，高光选项用于进一步提高高亮度区域的亮度；曝光度选项用于设定曝光的强度。

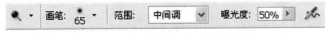

图 3-4　减淡工具属性栏

2.  加深工具

加深工具可以使图像的区域变暗。选中加深工具，属性栏将显示如图 3-5 所示的状态。其属性栏中的内容与亮化工具属性栏选项内容的作用正好相反。

图 3-5　加深工具属性栏

3. 海绵工具

海绵工具可精确地更改区域的色彩饱和度。在灰度模式下，该工具通过使灰阶远离或靠近中间灰色来增加或降低对比度。使用时选择海绵工具，并在选项栏中执行下列操作：选取画笔和设置画笔选项。选择更改颜色的方式："加色"可以增强颜色的饱和度；"去色"可以减弱颜色的饱和度。在要修改的图像部分拖移。

海绵工具可以增加或降低图像的色彩饱和度。选中海绵工具，属性栏将显示如图 3-6 所示的状态。在海绵工具属性栏中，画笔选项用于选择画笔的形状；模式选项用于设定饱和度处理方式，流量选项用于设定压力的大小。

图 3-6　海绵工具属性栏

3.3　仿制图章工具组

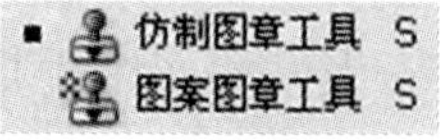

1. 仿制图章工具

仿制图章工具可以以指定的像素点为复制基准点，将其周围的图像复制到其他地方。使用时选择仿制图章工具，并在选项栏中执行下列操作：选取画笔和设置画笔选项。指定混合模式、不透明度和流量。确定想要对齐样本像素的方式。如果选择"对齐的"，可以松开鼠标按钮，当前的取样点不会丢失。这样，无论多少次停止和继续绘画，都可以连续应用样本像素。如果取消选择"对齐的"，则每次停止和继续绘画时，都将从初始取样点开始应用样本像素。选择"用于所有图层"可以从所有可视图层对数据进行取样；取消选择"用于所有图层"将只从现用图层取样。通过在任意打开的图像中定位指针，然后按住 Alt 键并点按（Windows）或按住 Option 键并点按（Mac OS）来设置取样点。在图像中拖移。

选中仿制图章工具，属性栏显示如图 3-7 所示的状态。在仿制图章工具属性栏中，画笔选项用于选择笔刷；模式选项用于选择混合模式；不透明度选项用于设定不透明度；对齐选项用于控制是否在复制时使用对齐功能；用于所有图层选项用于确定是否使用所有可见层中的图像做样本。

图 3-7　仿制图章工具属性栏

2. 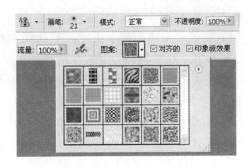 图案图章工具

图案图章工具使您可以用图案绘画。可以从图案库中选择图案或者创建自己的图案。使用时选择图案图章工具，并在选项栏中执行下列操作：选取画笔和设置画笔选项。指定混合模式、不透明度和流量。从"图案"弹出式调板中选择图案。确定想要对齐样本像素的方式。如果选择"对齐的"，可以松开鼠标按钮，当前的取样点不会丢失。这样，无论多少次停止和继续绘画，都可以连续应用样本像素。如果取消选择"对齐的"，则每次停止和继续绘画时，都将从初始取样点开始应用样本像素。选择"印象派效果"可以对图案应用印象派效果。在图像中拖移来进行修画。

图 3-8　图案图章工具属性栏

图案图章工具是以软件预设好的图案或者用户自定义的图案来进行绘画。选中图案图章工具，属性栏显示如图 3-8 所示的状态。其中图案选项可以用于选择软件预设的图案、填充纹理、自然图案、艺术表面等；印象派效果选项用于产生印象派的艺术效果。

3.4　　历史记录画笔工具组

1. 历史记录画笔工具

历史记录画笔工具必须配合历史控制面板一起使用。它可以通过在历史控制面板中定位某一步操作，而把图像在处理过程中的某一状态复制到当前层中。选中历史记录画笔工具，属性栏显示如图 3-9 所示的状态。在历史记录画笔工具属性栏中，画笔选项用于选择笔刷；模式选项用于选择混合模式；不透明度选项用于设定透明度大小。

图 3-9　历史记录画笔工具属性栏

2. 历史记录艺术画笔

历史记录艺术画笔工具使您可以使用指定历史记录状态或快照中的源数据，以风格化描边进行绘画。通过尝试使用不同的绘画样式、大小和容差选项，可以用不同的色彩和艺术风格所模拟绘画的纹理。与历史记录画笔一样，历史记录艺术画笔也是用指定的历史记录状态或快照作为源数据。但是，历史记录画笔通过重新创建指定的源数据来绘画，而历史记录艺术画笔在使用这些数据的同时，还使用您为创建不同的色彩和艺术风格所设置的选项。

使用时在"历史记录"调板中，点按状态或快照左边的列，将该列作为历史记录艺术画笔工具的源。源历史记录状态旁出现画笔图标。选择历史记录艺术画笔工具，并在选项栏中执行下列操作：选取画笔并设置画笔选项。指定绘画的混合模式和不透明度。从"样式"菜单中选取选项来控制绘画描边的形状。对于"区域"，输入值来指定绘画描边所覆盖的区域。此值越大，覆盖的区域越大，描边的数量也越多。对于"容差"，输入值或拖移滑块，限定可以应用绘画描边的区域。低容差可用于在图像中的任何地方绘制无数条描边。高容差将绘画描边限定在与源状态或快照中的颜色明显不同的区域。在图像中拖移来进行绘画。

选中历史记录画笔工具,属性栏显示如图3-10所示的状态,包括:笔刷,方式,不透明度,格式,保真度,区域,间隔,笔刷动力。

(1)样式——使用艺术历史画笔的绘画样式。其中包括:绷紧短,绷紧中,绷紧长,松散中,松散长,绷紧卷曲,松散卷曲等。

(2)保真度——复原图像与原图相近的程度。数值范围为0%~100%。数值越大与原图越接近。

(3)区域——历史画笔的感应范围。历史记录艺术画笔是以不同的艺术画笔的样式来对画面进行艺术处理。样式选项用于选择不同的艺术笔形。

图3-10 历史记录艺术画笔属性栏

3.5 渐变工具

1. 渐变工具

渐变工具可以创建多种颜色间的逐渐混合。可以从预设渐变填充中选取或创建自己的渐变。通过在图像中拖移用渐变填充区域。起点(按下鼠标处)和终点(松开鼠标处)会影响渐变外观,具体取决于所使用的渐变工具。

渐变工具包括直线渐变工具、辐射渐变工具、角度渐变工具、反射渐变工具、钻石渐变工具。这些渐变工具用于在图像或图层中形成一种色彩渐变的图像效果。选中渐变工具,属性栏将显示如图3-11所示的状态。在渐变工具属性栏中,色彩选项用于选择和编辑渐变的色彩; 选项用于选择各类型的渐变工具;模式选项用于选择着色的模式;反向选项用于反向产生色彩渐变的效果使渐变更平滑;仿色选项用于使渐变更平滑;透明区域选项用于产生不透明度。

图3-11 渐变工具属性栏

如果要自行编辑渐变形式和色彩,可双击色彩选项的色彩框,在弹出的如图3-12所示的渐变编辑器对话框中进行色彩调整操作即可。

"渐变编辑器"对话框可用于通过修改现有渐变的拷贝来定义新渐变。还可以向渐变添加中间色,在两种以上的颜色间创建混合。

自定义渐变:

(1)选择渐变工具。

(2)在选项栏中点按渐变示例,显示"渐变编辑器"对话框。

(3)要使新渐变基于现有渐变,请在对话框的"预置"部分选择渐变。

（4）从"渐变类型"弹出式菜单中选取选项。

（5）要定义渐变的起始颜色，请点按渐变条下方左侧的色标。该色标上方的三角形变黑，表示正在编辑起始颜色。

（6）要选取颜色，请执行下列操作：

点按两次色标，或者在对话框的"色标"部分点按色板。选取颜色，并点按"好"按钮。在对话框的"色标"部分，从"颜色"弹出式菜单中选取选项。将指针定位在渐变条上（指针变成吸管状），点按以采集色样，或点按图像中的任意位置从图像中采集色样。要定义终点颜色，请点按渐变条下方右侧的色标。然后，按照步骤（5）中的描述选取颜色。

图 3 – 12　渐变编辑器

（7）要调整起点或终点的位置，请执行下列操作：将相应的色标拖移到所需位置的左侧或右侧。点按相应的色标，并在对话框"色标"部分的"位置"中输入值。如果值是 0%，色标会在渐变条的最左端；如果值是 100%，色标会在渐变条的最右端。

（8）要调整中点的位置（渐变在这里显示起点颜色和终点颜色的均匀混合），可向左或向右拖移渐变条下面的菱形，或点按菱形，为"位置"输入值。

（9）要删除正在编辑的色标，请点按"删除"。

（10）要设置整个渐变的平滑度，请在"平滑度"文本框中输入值，或者拖移"平滑度"弹出式滑块。

（11）如果需要，设置渐变的透明度值。

（12）要将渐变存储为预设，请在完成渐变的创建后点按"新建"。

2.　油漆桶工具

油漆桶工具可以在图像或选区中对指定色差范围内的色彩区域进行色彩或图案填充。使用油漆桶工具时：

（1）指定前景色。

（2）选择油漆桶工具。

（3）（Photoshop）指定是用前景色还是用图案填充选区。

（4）指定绘画的混合模式和不透明度。

（5）输入填充的容差。容差定义必须填充的像素的颜色相似程度。容差值范围可以从 0 到 255，低容差填充与点按像素非常相似的颜色值范围内的像素。高容差填充更大范围内的像素。

（6）要平滑填充选区的边缘，请选择"消除锯齿"。

（7）只填充与点按像素临近的像素，请选择"连续的"；不选则填充图像中的所有相似像素。

（8）要基于所有可见图层中的合并颜色数据填充像素，请选择"所有图层"。

（9）点按要填充的图像部分。指定容差内的所有指定像素由前景色或图案填充。

如果我们正在图层上工作，并且不想填充透明区域，则一定要在"图层"调板中锁定图层的透明度。

选中油漆桶工具，属性栏将显示如图3-13所示的状态。在油漆桶工具属性栏中，填充选项用于选择填充的是前景色或是图案；图案选项用于选择定义好的图案；模式选项用于选择着色的模式；容差选项用于设定色差的范围，数值越小，容差越小，填充的区域也越小；消除锯齿选项用于消除边缘锯齿；连续的选项用于设定填充方式；所有图层选项用于选择是否对所有可见层进行填充。

图3-13　油漆桶工具属性栏

3.6　修复画笔工具组

1.　修复画笔工具

修复画笔工具可用于校正瑕疵，使它们消失在周围的图像中。与仿制工具一样，使用修复画笔工具可以利用图像或图案中的样本像素来绘画。但是，修复画笔工具还可将样本像素的纹理、光照和阴影与源像素进行匹配，从而使修复后的像素不留痕迹地融入图像的其余部分。

使用修复画笔工具时：

（1）选择修复画笔工具。

（2）点按选项栏中的画笔样本，并在弹出式调板中设置画笔选项："直径"、"硬度"、"间距"、"角度"和"圆度"选项。

从"大小"菜单中选取选项可以在描边的过程中改变修复画笔的大小。选取"钢笔压力"可根据钢笔压力而变化。选取"光笔轮"可根据钢笔拇指轮的位置而变化。选取"关"可以不改变大小。

（3）从选项栏的"模式"弹出式菜单中选取混合模式：

可以选取"正常"、"正片叠底"、"滤色"、"变暗"、"变亮"、"颜色"和"亮度"等不同模式。

（4）在选项栏中选取用于修复像素的源："取样"可以使用当前图像的像素，而"图案"可以使用某个图案的像素。如果选取了"图案"，请从"图案"弹出式调板中选择图案。

（5）确定想要对齐样本像素的方式：

如果在选项栏中选择"对齐的"，则可以松开鼠标按钮，当前取样点不会丢失。这样，无论您多少次停止和继续绘画，都可以连续应用样本像素。

如果在选项栏中取消选择"对齐的"，则每次停止和继续绘画时，都将从初始取样点开始应用样本像素。

（6）在图像中拖移。

选择修复画笔工具时其属性栏如图3-14所示。

图 3－14　修复画笔工具属性栏

2. 修补工具

修补工具使您可以用其他区域或图案中的像素来修复选中的区域。像修复画笔工具一样，修补工具会将样本像素的纹理、光照和阴影与源像素进行匹配。还可以使用修补工具来仿制图像的隔离区域。

使用样本像素修复区域：

（1）选择修补工具。

（2）执行下列操作：

在图像中拖移以选择想要修复的区域，并在选项栏中选择"源"。

在图像中拖移，选择要从中取样的区域，并在选项栏中选择"目标"。

①要调整选区，执行下列操作：

按住 Shift 键并在图像中拖移，可添加到现有选区。

按住 Alt 键（Windows）或 Option 键（Mac OS）并在图像中拖移，可从现有选区中减去一部分。

按住 Alt + Shift 组合键（Windows）或 Option + Shift 组合键（Mac OS）并在图像中拖移，可选择与现有选区交叠的区域。

②将指针定位在选区内，执行下列操作：

如果在选项栏中选中了"源"，请将选区边框拖移到想要从中进行取样的区域。松开鼠标按钮时，原来选中的区域被使用样本像素进行修补。

如果在选项栏中选中了"目标"，请将选区边框拖移到要修补的区域。松开鼠标按钮时，新选中的区域被用样本像素进行修补。

使用图案修复区域：

（1）选择修补工具。

（2）在图像中拖移，选择要修复的区域。

（3）要调整选区，请执行下列操作之一：

按住 Shift 键并在图像中拖移，可添加到现有选区。

按住 Alt 键（Windows）或 Option 键（Mac OS）并在图像中拖移，可从现有选区中减去一部分。

按住 Alt + Shift 组合键（Windows）或 Option + Shift 组合键（Mac OS）并在图像中拖移，可选择与现有选区交叠的区域。

（4）从选项栏的"图案"弹出式调板中选择图案，并点按"使用图案"。

选择修补画笔工具时其属性栏如图 3－15 所示。

图 3－15　修补工具属性栏

3.  颜色替换工具

颜色替换工具其原理与图像菜单下的(图像>调整>替换颜色)指令类似,只不过将操作改为了与绘图工具相同的方式(在图像中涂抹)。因为颜色替换工具的原理和方便直观的操作方式,使它经常被用来修正一些细小地方的颜色,比如修正照片中由于闪光灯所引起的红眼。模式为"颜色",取样为"一次",限制为"不连续",开启消除锯齿,将容差设为30% ~ 40%之间,选择一个小于眼球的笔刷,用黑色作为前景色进行涂抹。由于一般眼球所占面积很小,建议涂抹时放大图像。

在使用颜色替换工具时需选择好前景色。选择好前景色后,在图像中需要更改颜色的地方涂抹,即可将其替换为前景色,不同的绘图模式会产生不同的替换效果,常用的模式为"颜色"。在图像中涂抹时,起笔(第一个点击的)像素颜色将作为基准色,选项中的"取样"、"限制"和"容差"都是以其为准的。

限制选项:"连续"方式将在涂抹过程中不断以鼠标所在位置的像素颜色作为基准色,决定被替换的范围。"一次"方式将始终以涂抹开始时的基准像素为准。"背景色板"方式将只替换与背景色相同的像素。以上3种方式都要参考容差的数值。取样选项:"不连续"方式将替换鼠标所到之处的颜色。"邻近"方式替换鼠标邻近区域的颜色。"查找边缘"方式将重点替换位于色彩区域之间的边缘部分。

选择颜色替换工具时其属性栏如图3-16所示。

图3-16 颜色替换工具属性栏

3.7 橡皮擦工具组

橡皮擦工具组包括橡皮擦工具、背景色橡皮擦工具和魔术橡皮擦工具。

1. 橡皮擦工具

橡皮擦工具可以擦掉图像中不需要的像素,并自动以背景色填充擦除区域。如果对图层使用橡皮擦工具,则擦除区域将变为透明。

选取工具箱中的橡皮擦工具,其属性栏可以对相关属性进行设置,如图3-17所示。

图3-17 橡皮擦工具属性栏

2. 背景色橡皮擦工具

背景色橡皮擦工具可以擦除图像中相同或相似的像素并使之透明。选取工具箱中的背景色橡皮擦工具,其属性选项栏中显示各种属性如图3-18所示。

图 3 – 18　背景色橡皮擦工具属性栏

（1）限制：选取"不连续"项可以擦掉图像中所有颜色相同或相似的像素；选取"临近时"项则唯有连续部分的像素才会被擦掉；选取"查找边缘"项，则在擦除像素的同时会保留图像边缘的锐度。

（2）保护前景色：勾选这个选项则可以将前景色保护起来，而不会被擦掉。

（3）取样：设置要擦除颜色的取样方式，这里有 3 种取样方法："临近"是将随着光标的移动而不断选取图像中的颜色，因此光标经过的地方就是擦除的范围。"一次"是以在图像中第一次按下鼠标左键处的颜色作为取样颜色，并且以这个颜色为基准，擦去在容差范围内具有这种颜色的所有像素。"背景色板"是以背景色为取样颜色，擦除与背景色接近或相同的像素。

3.　![魔术橡皮擦图标] 魔术橡皮擦工具

魔术橡皮擦工具是个很好用的工具，可以快速擦除图像中所有与取样颜色相同或相近的像素。选取魔术橡皮擦工具，其属性选项栏中显示各种属性，如图 3 – 19 所示。

图 3 – 19　魔术橡皮擦工具属性栏

（1）容差：输入颜色的取样范围。输入数值越大，可擦去的色彩范围就越大。

（2）消除锯齿：勾选此项，避免图像边缘出现锯齿。

（3）用于所有图层：勾选此项后，擦除操作会对每一图层都产生作用。

（4）不透明度：使用魔术橡皮擦工具后，图像显示的透明度。此值越大，则被擦除区域部分越透明。

实验内容与步骤

照片的修复替换（Photoshop 中编辑工具的运用）

（1）打开软件 Photoshop。

（2）在 Photoshop 中打开本实验所需要的素材图片，如图 3 – 20 所示。

（3）我们首先要做的工作是去掉画面下半部分的"世界名画"的字样，这可以通过使用修复画笔工具或者修补画笔工具，也可以使用仿制图章工具。

我们先将画面的下半部分放大以便于画面修复的操作，如图 3 – 21 所示。

（4）选择修复画笔工具用于校正画面的瑕疵，使它们消失在周围的图像中。与仿制图章工具一样，使用修复画笔工具可以利用图像或图案中的样本像素来绘画。但是，修复画笔工具还可将样本像素的纹理、光照和阴影与源像素

图 3 – 20

进行匹配，从而使修复后的像素不留痕迹地融入图像的其余部分，如图 3 - 22 所示。

图 3 - 21　　　　　　　　　　　　　　图 3 - 22

（5）经过反复地修整之后我们将画面上不需要的文字完美地去除掉了。通过画面可以看出经过这样的修整不会留下任何痕迹，如图 3 - 23 所示。

（6）我们接着想做图片的背景替换，打开素材图片，如图 3 - 24。

图 3 - 23　　　　　　　　　　　　　　图 3 - 24

（7）我们可以使用仿制图章工具，以"世界名画"文件作为仿制源，选择一个合适的定位点，然后按住 Alt 键并点按（Windows）或按住 Option 键并点按（Mac OS）来设置取样点。在图像中拖移，这样以指定的像素点为复制基准点，将其周围的图像复制到了"蒙娜丽莎"图片中，如图 3 - 25 所示。

（8）如果在使用仿制图章工具复制图像时还存在一些边缘处理不够完美的地方，我们可以选择历史记录画笔工具进行修整，于是完成了图像的背景替换，如图 3 - 26 所示。

图 3 - 25

图 3 - 26

实验注意事项

（1）在编辑渐变色时新预设存储在预置文件中，以便它们在编辑会话之间保持。如果此文件被删除或已损坏，或者如果将预设复位到默认库，则新预设将丢失。要永久存储新预设，请将它们存储在文件库中。

（2）油漆桶工具不能用于位图模式的图像。

（3）修复画笔工具中"图案"选项不适用于 16 位图像；如果要从一幅图像中取样并应用到另一图像，则这两个图像的颜色模式必须相同，除非其中一幅图像处于灰度模式中；如果要修复的区域边缘有强烈的对比度，在使用修复画笔工具之前，请先选择选区。选区应该比要修复的区域大，但是要精确地遵从对比像素的边界。当用修复画笔工具绘画时，该选区将防止颜色从外部向内出血。

实验常见问题与操作技巧解答

（1）渐变色工具可以用于任何色彩模式的图像吗？

答：渐变色工具不能用于位图、索引颜色或每通道 16 位模式的图像。

（2）使用橡皮图章工具时如果要从一幅图像中取样并应用到另一图像，则这两幅图像的颜色模式可以不同吗？

答：不可以。在使用橡皮图章工具时如果要从一幅图像中取样并应用到另一图像，则这两幅图像的颜色模式必须相同。

实验报告

将课堂实验完成的设计作品"照片的修复替换"存储为 JPEG 格式发送到教师机。

思考与练习

（1）了解修复画笔和修补画笔的使用方法。

（2）渐变工具有几种渐变方式？

（3）仿制图章工具和图案图章工具使用方法有何不同？

（4）练习用修复画笔工具和修补画笔工具对旧照片进行修复。

实验4　图层及层蒙版的运用

实验目的

本实验是针对 Photoshop 中图层及层蒙版的使用来展开，通过实验要求学生了解图层的基本概念，对图层菜单的具体使用操作有详细的了解，重点掌握图层的不透明度，掌握层效果以及层蒙版的运用。

实验预习要点

①图层的基本概念；②图层的类型；③图层的合成模式；④图层的不透明度；⑤图层样式的创建；⑥层蒙版。

实验设备及相关软件(含设备相关功能简介)

微型计算机系统配置

1．硬件

Win9x/NT/2000/XP，要求内存为 128M 以上，一个 40G 以上硬盘驱动器，真彩彩色显示器。

2．软件

用 Photoshop 即可。

实验基本理论

4.1　图层的基本概念

1．图层的基本概念

有许多的 Photoshop 爱好者将图层看成为 Photoshop 的灵魂，我们就可以知道图层在 Photoshop 图像处理中所占的重要位置。图层就是构成图像的一个一个的层，每个层都能单独地进行编辑操作。图层可以把一个图像中的一个部分独立出来，然后可以对其中的任何一部分进行处理，而且这些处理不会影响到别的部分，这就是图层的强大功能。我们还可以将各个图层通过一定的模式混合到一起，从而得到千变万化的效果。在图层面板上，我们还可以进行图层的顺序调换、图层的效果处理、图层的新建和删除等一系列的操作。

2. 图层的特点

（1）对一个图层所做的操作不影响其他图层，这些操作包括剪切、复制、粘贴、填充和工具栏中各种工具的使用等。

（2）图层中没有画面的部分是完全透明的，有画面的部分也可以调整它的透明度。

4.2　图层的类型

1. 背景图层

每次新建一个 Photoshop 文件时图层会自动建立一个背景图层（使用白色背景或彩色背景创建新图像时），这个图层是被锁定于图层的最底层。我们是无法改变背景图层的排列顺序的，同时也不能修改它的不透明度或混合模式。如果按照透明背景方式建立新文件时，图像就没有背景图层，最下面的图层不会受到功能上的限制（如图 4 - 1）。

如果不愿意使用 Photoshop 强加的受限制背景图层，我们也可以将它转换成普通图层让它不再受到限制。具体方法：在图层调板中双击背景图层，打开新图层对话框（图 4 - 2），然后根据需要设置图层选项，点击"确定"按钮后再看看图层面板上的背景图层是否已经转换成普通图层了。

图 4 - 1　背景图层面板

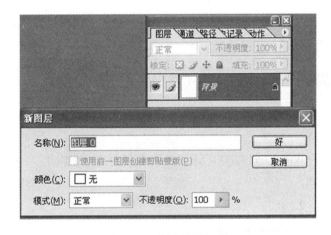

图 4 - 2　新建图层面板

2. 图层

我们可以在图层面板上添加新图层然后向里面添加内容，也可以通过添加内容再来创建图层。一般创建的新图层会显示在所选图层的上面（图 4 - 3）或所选图层组内。

3. 图层组

图层组（图 4 - 4）可以帮助组织和管理图层，使用图层组可以很容易地将图层作为一组移动进行、对图层组应用属性和蒙版可以减少图层调板中的混乱。

注意：在现有图层组中无法创建新图层组。

图 4 – 3 图层面板

图 4 – 4 图层组面板

4.3 图层的合成模式

利用"图层"面板中的"图层合成模式"选项是制作特殊效果的有效办法之一，它可以为图层中的图像制作出各种不同的混合效果（图 4 – 5）。

1. 正常模式

这是绘图与合成的基本模式，也是一个图层的标准模式。当一个色调和选择的图像区域合成进入到背景中时，正常模式将下面的像素用增添到图像中的像素取代，这是对背景像素的一个直接替代。在该模式中工作时，在最终确定一个编辑之前可以通过单击并拖动透明度滑标来改变绘图和选择的不透明度，其中透明度滑标在合成与合并图层时出现在图层调色板上，在绘图时则出现在画笔调色板上。

2. 溶解模式

前景色调随即分配在选择区域中，因而破坏一个选择或笔画。溶解模式在绘图时有用，可以创建宽距离的"条纹"，从中附加奇特的效果以及创建复杂的设计。溶解模式还可以将一个选择融入到一幅背景图像中，以及将图层融合在一起，其效果与照片不同。

3. 正片叠底模式

这些模式可能是一个设计者在绘图与合成时可以要求的最有用的模式。在该模式中绘图时，前景色调与一幅图

图 4 – 5 图层的合成模式菜单

像的色调结合起来，减少绘图区域的亮度。一个较深的色调通常就是在该模式中绘图的结果，并且效果看上去就像用软炭笔在纸上画了深深的一道。在用作合成浮动选择的模式时，正片叠底模式在选择融合背景图像时突出其较深的色调值，而选择中较浅的色调则会消失。

4. 屏幕模式

该模式与正片叠低模式正好相反。

5. 叠加模式

该模式加强绘图区域的亮度与阴影区域，将这种模式用到一个浮动选择时，会在背景图像上创建一个强烈的亮度与阴影区域。一幅图像的中间色调区——既没有亮度也没有阴影——在

用叠加模式作图时染上当前前景色调，而在 Overlay 模式中的浮动选择则会将大多数的色调数值融合入背景图像中。在一幅图像中创建一个幻影似的物体和超亮的标题时本模式特别有用。

6. 柔光、强光模式

这是组合效果模式，这两种模式都影响到基础色调（所谓基础色调就是在上面绘图合成一个选择的背景图像的色调）。如果一个背景区域的亮度超过 50%，那么柔光模式就增加绘图和合成选择的亮度，而 Hard Light 模式则掩蔽其亮度。如果下面的背景区域像素的亮度值低于 50%，柔光模式就加深该区域，而强光则增加其色调值。

7. 变亮、变暗模式

变暗模式只影响图像中比前景色调浅的像素，数值相同或更深的像素不受影响。相反，变亮模式只影响图像中比所选前景色调更深的像素。变亮与变暗模式对绘图和合成的效果要比柔光、强光模式产生的效果过于强烈时就需要用变亮与变暗模式。

8. 差值模式

该模式同时对绘图的图像区域与当前景色进行估算，如果前景色调更高，则背景色调改变其原始数值的对立色调。这种模式下用白色在一幅图像上绘画会产生最显著的效果，因为没有一个背景图像包含比绝对白色更亮的色调数值。

9. 色相模式

该模式只改变色调的阴影，绘图区域的亮度与饱和度均不受影响。这种模式在对区域进行染色时及其有用。

10. 饱和度模式

如果前景色调为黑色，这种模式就将色调区域转化为灰度。如果前景色调是一个色调值，那么此模式在每一个笔画下均增大其底下像素的基础色调，减少灰色成分。不是黑色的前景色调在此模式中不起作用。

11. 颜色模式

该模式同时改变一个选择图像的色调与饱和度，但不改变背景图像的色调成分——在大多数照片图像中组成视觉信息的特性。用此模式来改变人物衣服的颜色将非常有用。

12. 亮度模式

该模式增加图像的亮度特性，但不改变色调值。在增亮一幅图像中过饱和的色调区域时要小心谨慎，用笔画使用此模式时，将画笔调色板上的透明度下降到大约 30%。

4.4 图层的不透明度

每一个图层的画面部分都可以调节它的透明度，使它产生不同的透明效果。

通过设置图像的不透明度，使其下面被覆盖的图层可见。灵活利用这个特点，不仅可以创造出某些特殊效果，而且可以为图像的处理带来一定的方便。操作如下：在图层面板右上角 中用鼠标拖动滑块，选择合适的透明度，或者直接输入数字。范围从 0% ~ 100%。不透明度的数值越小，图像越透明，下面的图层越清晰，如图 4—6 所示。

图 4—6　图层的不透明度插图

4.5　图层样式的创建

图层菜单下的图层样式子菜单中对普通图像层可以实施各种效果，例如阴影、发光及立体化，而且不影响原始图层，随时可以取消或者修改，同样也可以实施于文字层，有的效果对文字层甚至更加明显。

图层样式可以帮助我们快速应用各种效果，还可以查看各种预定义的图层样式，使用鼠标即可应用样式，也可以通过对图层应用多种效果创建自定样式。可应用的效果样式如投影效果、外发光、浮雕、描边等等。当图层应用了样式后，在图层调板中图层名称的右边会出现"f"图标，如图4-7。

图4-7　图层样式菜单

应用样式Photoshop还提供了很多预设的样式，我们可以在样式模板中直接选择所要的效果套用，应用预设样式后我们还可以在它的基础上再修改效果。通过在混合选项面板（图4-8）中添加各种效果，我们也可以自定义样式。

4.6　图层蒙版的运用

图层蒙版是Photoshop中一项很重要的功能，也是通道的一种运用之一，图层蒙版实际上就是对某一图层起遮盖效果的、在实际中并不显示的一个遮罩，它在Photoshop中表示为一个通道，用来

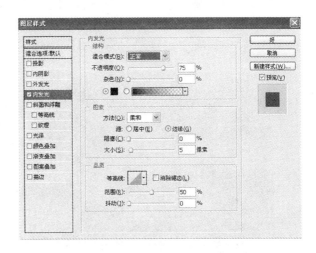

图4-8　图层样式选项面板

控制图层的显示区域与不显示区域及透明区域，蒙版中出现的黑色就表现在被操作图层中的这块区域不显示，白色就表示在图层中这块区域显示，介于黑白之间的灰色则决定图像中的这一部分以一种半透明的方式显示，透明的程度则由灰度来决定，灰度为百分之多少，这块

区域将以百分之多少的透明度来显示。

可以通过创建图层蒙版来控制图层中的不同区域被隐藏或显示。通过更改图层蒙版，可以将大量特殊效果应用到图层，而又不会影响该图层上的像素。所有图层蒙版可以与多图层文档一起存储。层蒙版的作用：用于删除某些形状复杂的图像；帮助用户选择外形复杂的图像；也常常用来创建一个层蒙版渐层，用于表现图像渐变的效果。这种技术经常被用到广告制作中。

如图4－9，在蒙版中黑色部分在应用后将图层的这部分给隐藏，白色部分则显示了出来。

下面我们来看看使用图层蒙版的具体操作过程：

（1）为图层添加图层蒙版：打开一个带图层的图像文件，选定我们要添加层蒙版的图层，然后点击"图层"菜单下的"添加图层蒙版"子菜单，在这个菜单下面有两个命

图4－9　图层蒙版的运用

令，一个是"显示全部"，一个是"隐藏全部"，"显示全部"指的是当使用这个系统时会直接把整个图层显示出来，即把图层蒙版全部填上白色，"隐藏全部"则相反，它会先把图层蒙版填上黑色，这个选择根据自己的需要确定，我们先选择"显示全部"。

（2）描绘图层蒙版：如图4－10所示，图层1被添加上了一个图层蒙版，在眼睛右边的图标变成了一个方块中间有个圆形，表示现在正在对图层蒙版进行操作，现在你可以用各种工具描绘图层蒙版了。

下面我们使用黑到白色的渐变工具在图像上做一个垂直的渐变，因为目前正在对图层蒙版操作，所以图像本身不会受到影响，只是在图层蒙版上出现了一个渐变。

现在我们看到的图像就是按这个渐变的颜色的蒙版来显示的，蒙版上方从黑色变到下方的白色，使图像从不显示到慢慢透明显示再到显示。

图4－10　图层蒙版的编辑

（3）图层蒙版的其他操作：在图层面板中双击蒙版图标"蒙版选项"用来控制图层蒙版以什么颜色和透明度来显示，"移去图层蒙版"表示将图层蒙版去掉，在使用时会询问是否应

用,应用后图像将就按图层蒙版的效果生成,不应用就是删掉该图层蒙版。"停用图层蒙版"指暂时关闭图层蒙版,但并不删除。

4.7　图层菜单

1.图层的新建

图层的新建有几种情况,Photoshop 在执行某些操作时会自动创建图层,例如,当我们在进行图像粘贴时,或者在创建文字时,系统会自动为粘贴的图像和文字创建新图层,我们也可以直接创建新图层。新建空白图层,具体操作步骤如下:

①在图层面板上选择一个图层作为当前层,新创建的图层就位于该图层的上面。

②单击 图层菜单中的"新建"命令下的"图层"子命令,弹出一个新建图层对话框如图4-11 所示。

③根据需要设置各个参数后,单击"好"按钮,这时就创建了一个新的空图层。新建的图层自动被设置为当前图层,但它是一个完全空白的图层,您可以在上面增加新的图像及进行编辑。

2.复制和删除图层

图层的复制和移动可以在同一图像文件中或不同图像文件之间进行。

(1)复制图层的操作步骤如下:

①选择要复制的图层作为当前层,单击 图层菜单中的"复制图层"命令,弹出一个对话框,如图4-12 所示。

②在"复制为"选项中为新生成的图层设定另一个名称,单击目的框中的"文档"下拉式列表框,弹出对话框如图4-13 所示。

图4-11　图层菜单

图4-12　复制图层对话框

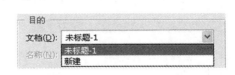

图4-13　复制图层对话框

这里的意思是问大家想将图层复制到哪个文档中,可以有三种情况:

- 复制到本文件中。图层被复制到本文件的当前层上面。
- 复制到当前打开的其他文件中。图层被复制到所选其他文件的当前图层上面。
- 复制到一个新建的文件中。Photoshop 自动打开一个新文件,然后将图层复制到该文件中。

单击"好"按钮,于是图层就被复制。

（2）在图层面板上选择要删除的层作为当前层，单击图层菜单中的"删除图层"命令，当前层就可以被删除掉。

3．新调整图层

调整图层是一个单独的图层，通过使用调整图层我们可以对图像的颜色、色调、饱和度、亮度等进行修改，而且这种修改不是对源图像像素的直接修改，是通过调整图层实现的，如果要取消这些修改，我们只要删除调整图层即可，当然我们也可以把修改的结果应用到图像中。

缺省的情况下，调整图层总是建立在当前图层之上，并对它下面的图层起作用，它像是一层透明的面纱，我们看到的图像是通过这一面纱看到的，因而使用调整图层来修饰和编辑图像，就是要对调整图层这一面纱作一些修饰和处理。

如果在建立调整图层之前建立了选取，调整图层只对选取起作用。

创建调整图层：

要通过调整图层修饰图像，第一步是要创建调整图层，创建调整图层同创建普通图层相似。操作步骤如下：

①打开一幅图像。

②在图层面板中，单击最上层的图层，设置该图层为当前层，使调整图层对整个图像文件的两个图层都起作用。

③单击图层菜单，单击"新调整图层"，弹出如图 4 - 14 所示菜单。

④选择要调整的内容，例如选择色阶，建立色阶的调整图层。弹出的对话框如图 4 - 15 所示。

图 4 - 14　新调整图层菜单

图 4 - 15　新建图层对话框

⑤在名称对话框中输入名称。单击"好"完成，弹出如图 4 - 16 所示的对话框。

⑥调好各种参数后，单击"好"完成，这时，图像多了一个色阶图层，如图 4 - 17 所示。

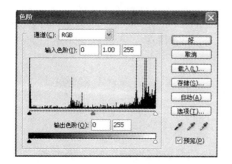

图 4 - 16　色阶对话框

图 4 - 17　色阶图层

4. 编辑调整图层

创建调整图层后，可以根据需要编辑调整图层，操作如下：

（1）单击图层面板，选色阶图层为当前图层。

（2）在图层面板中，双击色阶图层，如果图层有多个图标时，双击不同的位置会产生不同的结果，现在我们双击图层左边的图层效果图标。弹出如图4－16所示的色阶对话框，完成修改后，单击"好"。

调整图层的其他编辑如修改图层名、不透明度等与其他普通图层相同。

5. 合并调整图层

使用调整图层编辑图像之后，如果要应用调整效果，可以将调整图层同它下面的图层合并，使图层编辑由原来的通过调整图层的修饰，变成对图像像素的直接编辑。

把调整图层设为当前图层后，单击图层菜单，单击"拼合图层"菜单，完成图层的合并。

6. 文字层

文字图层是 Photoshop 中的另一种图层类型。由于字符由像素组成，并且与图像文件具有相同的分辨率，而显示器是以网格方式显示图像，所以，即使是矢量文字，字符放大后边缘也会出现锯齿。但要知道，在栅格化之前，文字是矢量的。添加文字图层很简单，只需选择文字工具，在图像上任意点击一下，Photoshop 会自动创建一个文字图层。从 Photoshop 6.0 开始取消了文字输入对话框，而代之以直接在屏幕上输入。在工具选项中，你可以选择各种文字选项，如字体、字型、文字大小、消除锯齿的方式、文本对齐方式、颜色等。文字颜色也可以通过改变前景色来设定，在实验二中我们已经介绍了文字工具的运用。

点击工具栏中的字符调板按钮，会出现字符和段落调板，在这里，你可以为文字设置更多的选项。其中，字符调板除了控制工具选项中可以涉及到的选项外，还控制字符的行距、间距、水平缩放、垂直缩放、所选字符间字距调整、字距微调、基线偏移等格式化文字。除此之外，你还可以对文字设置伪粗体、伪斜体、全部大写字母、小型大写字母、上标、下标、下划线、删除线这些特殊文字格式。点击调板右端的小三角，还可以选择更改文字方向等选项，使文字排放更适合图像需要，见图4－18。

在 Photoshop 中，还可以将文字转换为段落文本，段落文本调板的选项包括：对齐文本方式、缩进规则、段落前后添加空格规则、避头尾法则、间距组合及连字选项。点击面板右边的三角，出现的调板中还有更多控制段落格式的选项，诸如悬挂标点等等，见图4－19。

图4－18　字符和段落调板

图4－19　段落文本调板选项

文字层的另一个特征是可以将文字转换为形状或是工作路径（这样就可以单独操作某个字符形状）及栅格化以应用于基于栅格化图像的效果，如某些滤镜等。例如，执行图层→文字→转换为形状,将文字转换为形状图层。用路径选择工具选择第一个字母 P 和 S,以及最后一个字母 P,增加它们的高度。将文字转换为形状之后,文字图层被替换为具有矢量蒙版的图层,你可以编辑矢量蒙版并对图层应用样式,但无法再编辑文字了。文字编辑后的效果如图 4-20 所示。

图 4-20　文字转换为形状

7. 图层的排列

调整图层顺序:构成整幅图像的各个图层,有一个从后到前的排列顺序,修改图层的排列顺序,特别是有互相遮盖画面的图层的顺序,整幅图像的效果也会跟着改变。图层面板上各横栏从下到上的顺序即显示图层从里到外的排列顺序,修改图层排列顺序的方法如下:

(1)在图层面板上选择要改变排列顺序的图层作为当前层。

(2)单击图层中的"排列"命令,子菜单中列出几种图层前后移动方法:"置为顶层/前移一层/后移一层/置为低层",选择其中一种即可。

修改图层的排列顺序还有一种快捷的方法,即在图层面板上直接用鼠标拖动图层到上下合适的位置。

8. 合并图层

Photoshop 中的所有图层都是可以拼合的,可以逐层地"向下拼合"图层,也可以只"合并可见图层",或者将所有的图层都合并,执行"图层/拼合图层"即可。

实验内容与步骤

电影海报设计(Photoshop 中图层及蒙版的运用)

(1)打开软件 Photoshop。

(2)执行文件菜单下的"新建"命令,设置新建文件为 A4 的大小尺寸,分辨率为 72 像素/英寸,图像模式为 RGB 模式,背景内容选择为白色,如图 4-21 所示。

(3)执行文件菜单下的"打开"指令,调出"海景"和"桥"的图片,将其全选/复制/粘贴到背景中,执行编辑菜单下"自由变换"指令调整好图片大小,产生图层 1 和图层 2,如图 4-22 所示。

图 4-21

(4)执行图层菜单下的添加图层蒙版指令,给粘贴过来的"桥"的图片加上一层图层蒙版,然后运用工具箱中的渐变工具,以黑白两色作为渐变色,采用线性渐变的方式在图层 2 上创建渐层,于是产生了图像画面由虚到实的渐变效果。运用橡皮擦工具将图片的边缘修饰一下,可以让图像融合的效果更好些,如图 4-23 所示。

(5)接着调出所需要的人物图片,利用工具箱中魔棒工具和钢笔工具通过先选择背景再执行反选的方式抠选出图片中的人物形象部分,并将其复制/粘贴到"电影海报"文件中,执行编辑菜单下"自由变换"指令调整好图片大小、位置,如图 4-24 所示。

（6）为了处理好图像之间的合成效果，可以调节图层选项面板中的图层不透明度，将其数值调整到适当的数值，接着用橡皮擦工具选择喷笔的笔刷将图像的边缘修饰一下，如图 4 - 25 所示。

图 4 - 22

图 4 - 23

图 4 - 24

图 4 - 25

（7）最后加上电影海报的主题文字，字体设置为黑体，字号大小为 150 点，前景色为白色，运用工具箱中的直排文字工具输入"谍海风云"，调整好文字的大小、位置，如图 4 - 26 所示。

（8）执行菜单(图层/图层样式/投影、斜面浮雕、内发光)的指令，这样就给主题文字完成了最终效果，如图 4 - 27 所示。

图 4 - 26

图 4 - 27

(9)选择菜单栏中的文件/存储命令，将设计稿保存。

实验注意事项

(1)文字图层在图层中是特殊的图层，Photoshop 处理文字图层和普通图像图层时是有差异的。如果一个图层是文字图层，在图层调板上，图层右边缩览图中有一个大写的"T"字图标，文字图层有自己特殊的编辑方法，它所处理的对象不是图像，而是文字。在文字图层中，工具箱中有许多工具按钮是不能使用的，例如画笔、喷枪、历史刷、橡皮擦、海绵工具、渐变工具、油漆桶、图章工具等等，这些工具是用于图像编辑的。如果要在文字图层中使用这些编辑工具对文字进行处理，需要将文字图层变成普通图层。

(2)在 Photoshop 中，可以将移动复制到画面中的图片进行排列组合。当将需要对齐的图像链接后，移动工具的属性栏中原本灰色的对齐和分布按钮会被激活，单击相应的按钮与执行"图层\对齐链接图层"和"图层\分布链接图层"命令的意义相同，这些按钮就是以上命令的快捷方式。但是这些指令只能在当前图层和与当前图层链接的图层之间使用，链接的图层不能为背景层。

实验常见问题与操作技巧解答

(1)在操作过程中如何进行多层选择？

答：需要多层选择时，可以先用选择工具选定文件中的区域，屏幕会出现一个选择虚框；接着按住键盘上的"Alt"键，当光标变成一个右下角带一小" − "的大" + "号时，这表示减少被选择的区域或像素，在第一个框的里面拉出第二个框；尔后按住"Shift"键，当光标变为一个右下角带一小" + "的大" + "号时，再在第二个框的里面拉出第三个选择框，这样二者轮流使用，即可进行多层选择了。

（2）如何在图层面板中快捷地新建一个图层？

答：用鼠标将要复制的图层拖曳到面板上端的"新建"图标上可新建一个图层。

（3）对蒙版的编辑有一些什么便捷的方法？

答：除了在通道面板中编辑层蒙版以外，按 Alt 键点击层面板上蒙版的图标可以打开它；按住 Shift 键点击蒙版图标为关闭/打开蒙版（会显示一个红叉 × 表示关闭蒙版）。按住 Alt + Shift 点击层蒙版可以以红宝石色（50% 红）显示。按住 Ctrl 键点击蒙版图标为载入它的透明选区。按层面板上的"添加图层蒙版"图标（在层面板的底部）所加入的蒙版默认显示当前选区的所有内容；按住 Alt 键点"添加图层蒙版"图标所加的蒙版隐藏当前选区内容。

（4）如何进行多层选择？

答：当需要多层选择时，可以先用选择工具选定文件中的区域，拉出一个选择虚框；然后按住"Alt"键，当光标变成一个右下角带一小"－"的"＋"号时（这表示减少被选择的区域或像素），在第一个框的里面拉出第二个框；而后按住"Shift"键，当光标变成一个右下角带一小"＋"的大"＋"号时，再在第二个框的里面拉出第三个选择框，这样两者轮流使用，就可以进行多层选择了。用这种方法也可以选择不规则对象。

（5）多层编组可以怎样操作？

答：要把多个层编排为一个组，最快速的方法是先把它们链接起来，然后选择编组链接图层命令（Ctrl + G）。当要在不同文档间移动多个层时就可以利用移动工具在文档间同时拖动多个层了，这个技术同样可以使用。

实验报告

将课堂实验完成的设计作品"电影海报"存储为 JPEG 格式文件发送到教师机。

思考与练习

（1）什么是图层？常用的图层类型有哪些？

（2）说出图层调板选项栏中各项参数和选项的功能。

（3）说出图层调板工具栏中各个按钮的功能。

（4）练习新创建一个图层，再将它的背景层转换为普通层，然后将普通层转换回背景层。

（5）练习设计制作一张由多个图层构成的明信片。

实验 5　Photoshop 图像的编辑

实验目的

　　该实验是对 Photoshop 中图像编辑菜单进行介绍说明。图像编辑菜单的主要功能是处理图像时复制粘贴，恢复、还原物体，变形以及定义图案等。通过实验我们可以对图像编辑的使用和操作有更加深刻的了解和掌握。

实验预习要点

　　①图像复制、粘贴；②恢复、还原物体；③变形、自由变形；④定义图案；⑤填充、描边。

实验设备及相关软件（含设备相关功能简介）

　　微型计算机系统配置

　　1．硬件

　　Win9x/NT/2000/XP，要求内存为 128M 以上，一个 40G 以上硬盘驱动器，真彩彩色显示器。

　　2．软件

　　用 Photoshop 即可。

实验基本理论

5.1　图像的复制、粘贴

　　我们常需要对图像的某一部分进行剪切、复制然后粘贴，对图像进行剪切、复制需要对图像的某一部分进行选择，然后粘贴在其他图像上，剪切和复制在粘贴后会产生新的一个图层。

5.2　恢复操作、还原物体

　　恢复操作就是对你的上一步操作进行否定，然后回到该动作原来之前的形状。快捷键是Ctrl + Z，该键只对上一步操作进行否定，如果对前面的动作进行否定的话可以按住 Ctrl + Alt + Z 键。

5.3　变形、自由变换

　　Photoshop 还可以对图像进行任意的变形操作。执行菜单"编辑→自由变换"它可以对图像的全部或局部进行各种拉宽、压扁以及旋转操作。执行菜单"编辑→变换"可以对图像进行缩放、旋转、翻转以及各种变形。

5.4　定义图案

定义图案就是把选取的图像的某个部分保存在内存中，下次执行画笔工具时可以调出来使用。选择图像某个部分，执行菜单"编辑→定义图案（画笔）"，这样就把图像的某部分定义为图案或画笔了。

5.5　填充、描边

填充是指对图像全部或指定某个选区内进行填充，在填充对话框中，其填充的内容有前景色、背景色、图案和黑色、白色、50%的灰色。在图像上指定一个选区，执行菜单"编辑→填充"，会出现一个对话框如图 5 - 1 所示。

图像描边，需要提供一个选区，选区可以通过选框工具和套索工具来形成，然后执行菜单"编辑→描边"，出现如图 5 - 2 所示对话框。

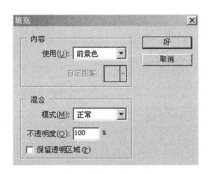
图 5 - 1　填充对话框

图 5 - 2　描边对话框

在描边对话框里我们可以调整描边的宽度值，并且根据需要选择各种颜色。描边的位置有三种选择，居内就是位于选区之内，其他的以此类推。模式里面犹如图层之间的模式，可以根据需要自己选择调整。不透明度是指描边后的透明度，根据描边效果来进行调整。

实验内容与步骤

设计"城市之间"杂志封面

（1）新建一个名为"杂志"的自定义文件，大小为 600×800（像素），分辨率为 72（像素/英寸），背景颜色为白色，见图 5 - 3 所示。

（2）首先，新建一个名为"原始图"的层，然后，将选用的原始图片置于该层中，执行快捷键 Ctrl + T，把图片调整好。本例，所选用的图片如图 5 - 4 所示。

（3）新建一个名为"上层"的层。在图像上方白色区域，用#696562 颜色填充，如图 5 - 5 所示。

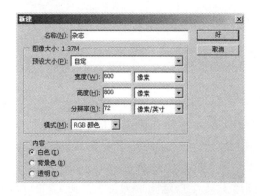
图 5 - 3　新建文件对话框

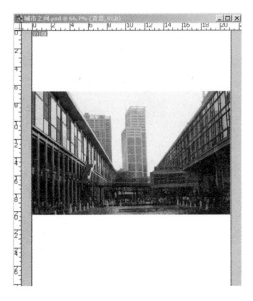

图 5-4　原始层的放置

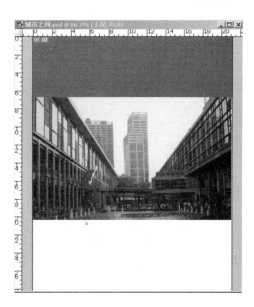

图 5-5　填充颜色

（4）新建一个名为"色块"的层并放在原始层之下。用 选择工具，在选区属性栏上点击该按钮，然后画出数条长条形选区。然后在工具箱里使用渐变工具，选择"中等色谱"渐变进行填充，参数如图 5-6 所示，效果如图 5-7 所示。

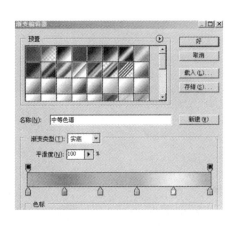

图 5-6　使用渐变对话框

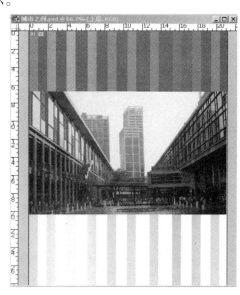

图 5-7　渐变后的效果

（5）新建一个名为"城市之间"的文字层，输入文字"城市之间"放置在图像左上角作为杂志名称。然后在该层上面再新建一层命名"边框"，用矩形选择工具在"城市之间"框选出一个区域，并用白色、大小为 2 的像素进行描边，效果如图 5-8 所示。

（6）简单设计杂志一个 logo。新建一个图层，命名为"logo"层。在工具箱中选择自定义图形工具，点选图形为"↗"，通过变形调整并给该 logo 增加一个阴影图层样式效果。最终设计效果如图 5-9 所示。

图 5-8　杂志名称以及边框描边效果

图 5-9　logo 效果图

（7）制作条形码。新建一个图层命名为"条形码"。然后，选择工具箱中的"单行选择工具"，在"条形码"底部位置用鼠标点选，接着，用白色填充该选区。

（8）在"条形码"层上执行"滤镜→杂色→增加杂点"命令，然后，在弹出的"增加杂点"对话框中，做如图 5-10 所示的设置，设置完毕，单击"OK"按钮退出对话框。

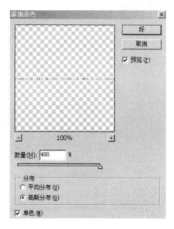

图 5-10　增加杂色对话框

图 5-11　拖出条形

图 5-12　条形码

（9）按"Ctrl + T"键，然后利用鼠标拖动条形码处的图形，直至出现一个如图 5-11 所示的图形来。然后，按"确认"键应用这个变化。

（10）然后，从中选择出一个片断作为"条形码"，为了让条形码更为逼真，需要适当地添加一部分文字，本例所添加的文字以及添加文字之后的效果如图 5-12 所示（根据实际需要可做适当调整）。

（11）运用文字工具给封面输入一些标题文字，对文字进行排版设计。最后杂志效果如图 5-13 所示。

照片折叠特效

（1）打开软件 Photoshop，并打开一张准备好的图片素材。

（2）按 Ctrl + R 调出标尺，鼠标从标尺刻度处拖拽出两条竖向参考线将图片分为三等分，如图 5-13 所示。

图 5-13　最终效果图

（3）选择矩形选框工具分别将图片三个区域单独选取，并复制粘贴成为三个新图层，在选取和复制过程中需要注意的是要回到背景层当中选取复制对象，然后隐藏背景图层。

63

图 5 – 14　参考线的使用

图 5 – 15　对象的区域选取粘贴

（4）选择图像菜单下画布大小指令，勾选相对，将画布扩充 100～120 像素。

（5）选择图层 1，执行编辑 – 变换 – 扭曲，将所选图层中的画面调整到如图 5 – 14 至 5 – 17 所示的状态。

图 5 – 16　画布扩充

图 5 – 17　对象的扭曲变换

（6）选择图层 2，与步骤 5 同样操作。

（7）选择图层 3，操作同上，如图 5 – 18 至 5 – 20 所示。

图 5 – 18

图 5 – 19

（8）在图层 3 上新建一层，按住 Ctrl + 鼠标点击图层 3 缩略图这样就能将图层 3 的内容选择上。

（9）选择渐变工具，详细工具栏中点击渐变缩略图，将前景色设置为黑色，选择黑色到透明的渐变方式。在图中由左向右方向拖拽渐变工具，并将图层对话框中的不透明度调整为 25%，可得到如图 5 - 21 至 5 - 22 所示的画面效果。

图 5 - 20　新建图层

图 5 - 22　渐变后的效果

图 5 - 21　渐变工具的调整

（10）同样的方法操作其他两个图层，我们将看到画面效果的调整。

（11）在图层对话框的下拉菜单中选择合并可见图层，选择菜单"编辑 - 变换 - 透视"，拖拽滑点至如图位置，使画面产生一定的透视效果。

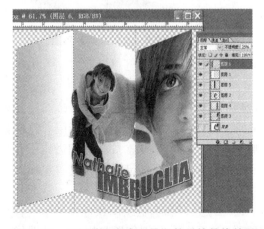

图 5 - 23　画面使用渐变工具调整后的整体效果

图 5 - 24　透视变换

（12）双击图层面板右边空白处，弹出的图层样式对话框，勾选投影选项，各种参数做相应调整,如图 5 – 23 至 5 – 25 所示。

图 5 – 25　图层阴影的设置

（13）在图层窗口对话框中选择新图层指令,在图层下新建一个空白层,并使用画笔工具,设置画笔选项为"柔角"画笔,即硬度为 0,画笔的大小调整为 200 像素以上、透明度调整为 75%,以黑色为前景色,为图层做最后的阴影修饰。

（14）最终效果图,见图 5 – 26 至 5 – 27。

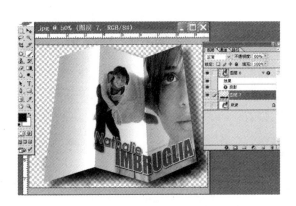

图 5 – 26　图层阴影的修饰

图 5 – 27　最终效果图

实验注意事项

（1）我们在用 Photoshop 练习或者进行创作时难免需要对作品进行反复的修改。这就要求我们在进行设计创作时养成一个习惯,就是每添加一块内容就建立一个新的图层。这样如果需要修改就可以单独对一个层进行修改而不影响到其他图层的效果。如果我们做错了几步可以在历史记录面板中回到过去操作的步骤,当然这些操作对于几步错误操作或者想回到以前几步的状态非常有用。

（2）Photoshop 是个功能强大的图像处理软件,在图像处理和电脑绘图软件领域里一直是处于领先位置的。学习好 Photoshop 软件不管是对于你以后作品的创作还是以后自己图像的处理方面都会带给你无限的乐趣。但是学习好该软件还是需要付出各种各样的努力,精通任何一个软件都不是一件很容易的事情,同学们在学习 Photoshop 软件时,可以自己在互联网上搜寻各种 Photoshop 的学习网站,大家一起学习交流,是件很愉快的事情,并对自己会有个不小的收获。

　　Photoshop 功能强大，自己可以运用 Photoshop 的各种功能进行所需要的作品创作。文章中所举的例子仅表达了 Photoshop 功能的一个角落，它的各种强大功能需要同学们自己多练习、多研究，这样才能把 Photoshop 学精通。

实验常见问题与操作技巧解答

　　（1）请问拷贝与合并拷贝有什么不一样？

　　答：编辑菜单下的合并拷贝命令可以将当前操作图层中的选区内容和当前图层链接的所有层中对应的选区内容一并复制到剪贴板中。这一命令的优点是可以在不用合并图层的情况下，将你想要的各个图层中的内容一并复制下来。

　　（2）粘贴和粘贴入命令的区别是什么？

　　答：它们的不同之处在于，执行粘贴入命令之前，必须在文件中建立一个选区，执行后，Photoshop 会将剪贴板的内容粘贴到一个新的图层当中，并在该图层将选区改变为该图层的蒙版，新建图层中只有原选区内的内容可以看见，原选区外的部分将被蒙版覆盖。可以看见，粘贴入命令实质上是新建立了一个图层蒙版。

　　（3）清除命令有什么作用？

　　答：编辑菜单下的清除命令可以将 Photoshop 暂存在内存中的"记忆"，如将剪贴板中的暂存内容或历史记录等清除，就可释放内存资源。如果你的计算机配置不是很理想，这就显得很有必要了；当然，一旦执行这项操作，就不能恢复原来的内容了。

实验报告

　　将课堂实验完成的设计作品"城市之间"存储为 JPEG 格式发送到教师机。

思考与练习

　　（1）跟拷贝比起来，合并拷贝有什么不同之处？

　　（2）跟粘贴比起来，粘贴入命令有什么不同之处？

　　（3）练习新创建一个自己的 logo，再将它定义为图案。然后在自己设计作品时，当作个性标志来使用。

　　（4）练习设计一个正方体，熟练使用变形工具。

实验 6　Photoshop 图像的调整

实验目的

本实验针对 Photoshop 的强大图像处理能力,通过实验让学生了解和掌握 Photoshop 在图像处理方面的强大功能,综合运用 Photoshop 处理和控制图像的色彩和色调,从而达到更好的创作效果。

实验预习要点

①色彩模式;②色彩调整;③色彩控制;④色调运用。

实验设备及相关软件(含设备相关功能简介)

微型计算机系统配置包括硬件和软件两部分。

1. 硬件

Win9x/NT/2000/XP,要求内存为 128M 以上,一个 40G 以上硬盘驱动器,真彩彩色显示器。

2. 软件

用 Photoshop 即可。

实验基本理论

6.1　图像的色彩模式

在 Photoshop 中,颜色模式决定用来显示和打印文件中的色彩模型。色彩模式就是把色彩分解成几部分颜色组件,然后根据颜色组件组成的不同定义出各种不同的颜色。通俗点说,色彩模式就是将各种不同的颜色组合成的一种方法。对颜色组件不同的分类,就形成了不同的色彩模式,下面就将主要介绍各种颜色模式的特点。

1. 位图模式

位图模式是使用两种颜色值(黑与白)来表示图像中的像素。位图模式的图像也叫黑白图像,它所要求的磁盘空间最少。当图像转换成位图模式时,必须将图像转换成灰度模式后,才能转换成位图模式。

2．灰度模式

灰度模式是用于黑白灰度显示的模式。灰度图像的每一个像素有一个 0（黑色）到 255（白色）之间的亮度值。灰度值也可以用黑色油墨覆盖的百分比来表示（0% 等于白色，100% 等于黑色）。使用黑白或灰度扫描仪产生的图像常以"灰度"模式显示。你可以将位图模式和彩色图像转换为灰度。

3．双色调模式

双色调模式是用两种颜色的油墨制作图像，它可以增加灰度图像的色调范围。要把图像转换成双色调模式，必须先转换成灰度模式。

4．索引颜色模式

索引颜色模式是单通道图像（8 位/像素），便于网上传输的 256 颜色图像模式。它可以由 RGB 色彩模式转换。

5．RGB 模式

RGB 模式是 Photoshop 中最常用的一种颜色模式，这是因为 RGB 模式下处理图像比较方便。而且比 CMYK 图像文件要小得多，可以节省更多的内存和存储空间，在 RGB 模式下，Photoshop 下所有的命令和滤镜都能正常使用。RGB 图像只使用三种颜色，在屏幕上重现多达 1670 万种颜色。计算机显示器总是使用 RGB 模式显示颜色，这意味着在非 RGB 颜色模式（如 CMYK）下工作时，Photoshop 会临时将数据转换成 RGB 数据再在屏幕上显示出现。

6．CMYK 模式

CMYK 是种印刷模式，在 CMYK 图像中由印刷分色的四种颜色组成。它们是四通道图像。在 Photoshop 的 CMYK 模式中，每个像素的每种印刷油墨会被分配一个百分比值。最亮（高光）颜色分配较低的印刷油墨颜色百分比值，较暗（暗调）颜色分配较高的百分比值。

注意：一般用于印刷时，才使用 CMYK 模式。将 RGB 图像转换成 CMYK 模式会产生分色。CMYK 颜色要比 RGB 颜色暗。如果你是从 RGB 图像开始的，最好先编辑之后再转换成 CMYK。在 RGB 模式中，可以使用 CMYK 预览命令模拟更改后的效果，而不用真的更改数据，其方法是执行菜单"视图→校样颜色"，当然也可以使用 CMYK 模式直接处理 CMYK 图像。注意在 CMYK 模式下，Photoshop 的部分命令和滤镜不能使用。

7．LAB 颜色模式

LAB 颜色是 Photoshop 在不同颜色模式之间转换时使用的内部颜色模式。它可以在不同系统和平台间进行转换而不丢失颜色。L 表示亮度分量值，范围是 0～100，A 表示从绿到红的光谱变化，B 表示从蓝到黄的光谱变化，两者范围都是 +120～−120。它是目前色彩模式中包含色彩范围最广泛的模式。实际上，我们将 RGB 模式转换为 CMYK 模式时，是先将 RGB 模式转换成 LAB 模式，然后经过 LAB 颜色模式转换成 CMYK 模式。

8．Multichannel 多通道模式

多通道模式在每个通道中使用 256 级灰度，多通道图像对特殊打印非常有用。

6.2　色彩调整

对图像色彩和色调的调整是所有图像处理的关键。色彩和色调调整主要是对图像的明暗度（即亮度）、对比度、饱和度（即彩度）以及色相的调整。我们只有有效地去调整和控制图像的色彩和色调，才可以做出自己理想的色彩世界，做出高品质的作品。

Photoshop 是图像处理大师，要想更好地去理解色彩的处理功能，有必要对一些色彩理论

进行了解。

①亮度：亮度是各种色彩模式下的图像原色（如 CMYK 图像的原色是 C、M、Y、K 四种）的明暗度，亮度调整即为图像明暗程度的调整。亮度范围是从 0～255。

②色调：图像通常分为多个色调，其中包含一个主色调。色调是从物体反射或物体传播的颜色，色调调整也就是将图像颜色在各种颜色间进行调整。在通常情况下，色调是由颜色名称标识的，如果光是由红、橙、黄、绿、青、蓝、紫七色组成，每种颜色即代表一种色调。

③饱和度：饱和度是指图像颜色的强度和纯度。它表示纯色中灰成分的相对比率，用 0%～100% 的百分数来衡量，0 为灰度，100% 则为完全饱和。通俗点说，调整图像的饱和度也就是调整图像的彩度，将一个彩色图像降低饱和度为 0 时，就会变成一个灰度的图像，增加饱和度时就会增加其彩度。

④对比度：对比度是不同颜色之间的差异。对比度越大，两种颜色之间的差异就越大。例如，对一幅灰度图像的对比度增加后，黑白颜色对比会更加鲜明。当对比度度增加到极限时，一幅灰度图像将只显示黑白颜色，而将对比度减小到极限时，灰度图像就只剩下灰色底图。

1. 色阶调整

在 Photoshop 中色彩调整可以通过色阶调整命令来改变图像的明暗以及反差效果。可以调整图像的色调范围和色彩平衡。执行菜单"图像→调整→色阶"命令，在色阶对话框中，利用滑杆或输入数字的方式，可以调整输出及输入的色阶值，如图 6-1 所示。

通道：选择要进行色调调整的颜色通道，可以对 RGB 或 CMYK 主通道或单一通道分别进行调整。

输入色阶：在输入色阶选择中，可以设置暗部、中间色和亮部色调来调整图像的色阶。

输出色阶：左边的编辑框用来提高图像暗部色调，右边用来降低图像亮部色调。通过设置输出色阶，可以减小图像的对比度。

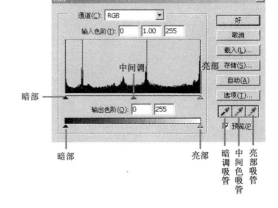

图 6-1　色阶对话框

2. 自动色阶调整

自动色阶调整命令可以自动调整图像的明暗度，它与色阶命令对话框中的 auto（自动）按钮功能相同。该命令对于调整缺乏对比度的图像或简单灰度图比较合适。不过这样的调整也会导致图像色彩的不平衡。

3. 自动对比度调整

执行该命令可以自动调整图像亮部和暗部的对比度。它将图像中最暗的像素转换成黑色，将图像中最亮的像素转换成白色。从而使得高光区更亮，阴影区更暗，从而增大图像的对比度。自动对比调整命令对于色彩丰富的图像相当有用，但对于色调单一的图像或者色彩不怎么丰富的图像几乎不起作用。

4. 自动色彩调整

自动色彩调整可以调整图像的色相、饱和度、亮度和对比度，但是调整后的图像色彩会丢失一些颜色数据。

5. 曲线调整

曲线命令同色阶调整命令类似，都可以调整图像的整个色彩范围，是一个应用非常广泛的色调调整命令。但是，色阶命令只能调整亮部、暗部和中间灰度，但是曲线命令可以调整灰度曲线中任何一点。我们可以通过调整里面的直线就可以调整图像的颜色变化及明暗度，我们可以选择 RGB 通道调整，也可以单独调整 RGB 各个颜色通道，对话框如图 6-2 所示。

6. 色彩平衡调整

色彩平衡调整可以进行一般性的色彩校正，简单快捷地调整图像颜色构成，并混合各色彩达到平衡。但是如果需要精确调整，最好选用曲线命令或者色阶命令，使用色彩平衡调整可以通过滑动各个颜色值的滑块来达到调整色彩的效果，如图 6-3 所示。

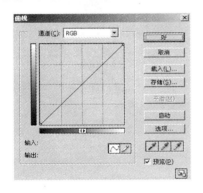

图 6-2   曲线对话框

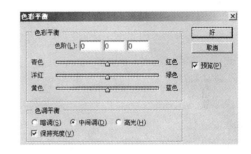

图 6-3   色彩平衡对话框

7. 亮度/对比度调整

该命令主要是调整图像的亮度和对比度，不能对单一通道做调整，而且也不能像曲线及色阶命令等功能对图像进行细部调整。所以只能很简单直观地对图像做粗略的调整，特别对亮度/对比度差异相对悬殊不太大的图像，使用起来比较有效。通过滑动滑块来调整亮度/对比度，或者各自输入数值来调整，如图 6-4 所示。

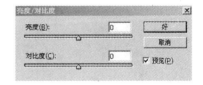

图 6-4   亮度、对比度对话框

亮度：调整图像的明暗度，若拖动滑杆或在其文本框输入数字，范围 -100 ~ +100，向右拖动滑块可增加亮度，向左拖拉滑块为负值时可以降低亮度。

对比度：若拖动滑杆上的滑块或者输入数值，范围是 -100 ~ +100。向右拖动滑块可加强对比效果，向左拖拉滑块为负值时可以减弱对比效果。

6.3   色彩控制

色彩控制是"图像-调整"中的重要部分，包括色相/饱和度、去色、替换颜色、可选颜色、通道混合器、渐变映射等。

1. 色相/饱和度调整

色相/饱和度命令主要用于改变图像像素的色相、饱和度和明度。而且还可以通过给像素定义新的色相和饱和度，实现灰度图像上色的功能，或者创作单色调图像效果，对话框如图 6-5 所示。

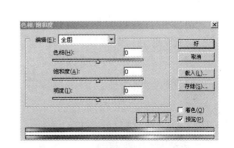

图 6-5   色相、饱和度对话框

71

2．去色命令

去色命令是把图像中的所有颜色都去除掉，将图像颜色的饱和度变为 0，使之转化为灰度图像，在色彩被除去过程中，每个像素保持原有的亮度值。此命令不会改变图像的颜色模式，只是失去彩色的颜色而改变为灰度，使用该命令可以对选区范围或图层进行调整。

3．替换颜色

替换颜色命令能让你为要替换的颜色建立一个暂时的蒙版，并用其他颜色替换掉所选颜色。它还可以调整设置替换颜色的区域内图像的色相、饱和度和亮度。执行菜单"图像→调整→替换颜色"命令，跳出替换颜色命令对话框，如图 6－6 所示。

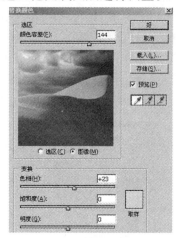

图 6－6　替换颜色对话框

颜色容差：通过调节滑杆或输入数值来改变选区以控制选区内多少颜色被划入的程度。当调整的数值越大，表示所选的色彩区域越多，反之越少。

选区/图像：用来切换图像的预览方式。选择选区选项，显示的是黑白图效果，黑色表示未选取的范围，白色表示被选取的范围；选择图像选项，可以看到图像的原画面，比较适合在调整图像色彩时做个参照、比较。

吸管工具：通过吸管工具来改变选取的范围，只需在图像对话框的预览图像上点选相关像素就可。选择 表示增加选区，选择 表示减少选区。

变换：调整所选取范围的颜色。调节色相滑杆选择要替换的色相；调节饱和度滑杆选择新色相的饱和度；调节明度滑杆控制选区像素的亮度。取样显示的是要替换掉的颜色。

4．可选颜色命令

可选颜色校正命令可以校正颜色的平衡。主要对 RGB、CMYK 和黑白灰等主要颜色的组成进行调整。

5．通道混合器调整命令

通道混合器命令主要是用来混合当前颜色通道中的像素与其他颜色通道中的像素来改变主通道的颜色，创造一些其他颜色调整工具不易做到的调整效果，从每种颜色通道中提取一定的百分比来创造出高品质的灰度图像或其他色调的图像。从而再将图像转换到其他可选的颜色空间，或从中转换图像，交换通道或复制通道。执行菜单"图像→调整→通道混合器"，弹出对话框如图 6－7 所示。

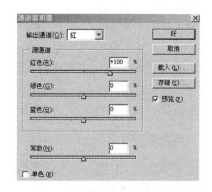

图 6－7　通道混合器对话框

输出通道：设置要调整的色彩通道，并在其中混合一个或多个现有的通道。不同的颜色模式有不同的可选项。如作用于 RGB 模式图像时，在列表栏中只显示红色通道、绿色通道和蓝色通道。

源通道：调整通道的色彩组成成分的值。拖动滑块可以增大或减小该通道颜色在输出通道中所占的百分比，方框中的数值只能在 －200 ～ ＋200 之间，当数值为负时，源通道反转后再加入到输出通道中。

常数：以增加该通道的互补颜色成分，负值相当于增加了该通道的互补色，正值表示减少了该通道的互补色。同时选中单色选项时，负值表示逐渐增加黑色，正值表示逐渐增加白色。

单色：勾选单色选项，将彩色图像变成灰度图像，但是色彩模式不改变。

6. 渐变映射

该命令的主要功能是将默认的渐变模式作用于图像，它能自动依据图像中的灰度数值来填充所选取的渐变颜色，其对话框如图 6-8 所示。

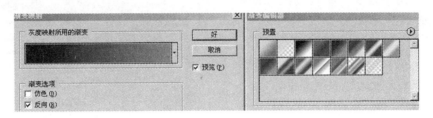

图 6-8　渐变映射对话框

灰度映射所用的渐变：单击其右端的按钮会弹出一个渐变模式选项面板。这里所提供的渐变模式与渐变工具的渐变模式一样，但是二者所产生的效果不同。主要区别为：渐变映射功能不能应用于完全透明层，它是先对所要处理的图像进行分析，然后根据图像中各个像素的亮度，用所选的渐变模式进行替代，替代后仍然能看出图像的轮廓。

仿色：勾选此项，可以为渐变色阶后的图像任意添加一些小杂点，使图像过渡更加精细。

反向：将渐变色阶后的图像颜色反转，呈负片效果，再应用到图像上面。

6.4　色调运用

1. 反相调整命令

反相调整命令可以将图像的颜色反转，进行颜色的互补。

反相调整命令可以单独对层、通道、选取范围或者是整个图像进行调整。执行命令为"图像→调整→反相"，快捷键是 Ctrl + I。

2. 色调均化命令

该命令可以重新调配图像像素的亮度值，使它们能更均匀地表现所有的亮度级别。当应用这个命令时，Photoshop 会将图像中最暗的像素填充上黑色，最亮部分填充上白色。

3. 阈值调整命令

该命令可以将一幅灰度图像或彩色图像转变为高对比度的黑白图像，对话框如图 6-9 所示。

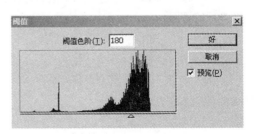

图 6-9　阈值调整命令对话框

我们可以在文本框内指定亮度值作为阈值，其变化范围在 1 ~ 255 之间，图像中所有亮度值比它小的像素都变成黑色，所有亮度值比它大的像素变为白色。或者我们拖动滑杆也可以，当向左移动，图像的白色成分就越多；当向右移动滑杆，则图像的黑色成分就越多。

4．色调分离命令

色调分离命令可以让你为图像的每个颜色通道定制亮度级别，只要在色阶中输入想要的色阶数，就可以将像素以最接近的色阶来显示。当色阶数越大则颜色变化越细腻，效果不是很明显。相反，则变化明显。色调分离命令用于减少一幅灰度图像的灰度色阶，其效果更为明显。

5．变化

变化命令可以在调整图像、选取范围或图层的色彩平衡、对比度和饱和度的同时，使用户可以很容易地预览图像或选区调整前和调整后的缩略图，使调节更为精确、方便，如图6-10所示。

注意：该命令对于色调平均、不需要精细调节的图像是非常适用的，该命令不适用于索引颜色模式的图像。

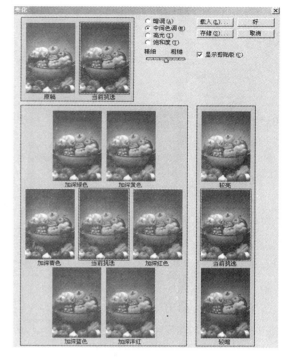

图6-10 变化对话框

实验内容与步骤

我的家乡

（1）打开 Photoshop 程序，打开素材文件"我的家乡"，如图6-11所示。

（2）复制背景文件，并改名为"新家"。拖动背景图像层到 ▣ ，就复制好图层。双击复制层，并改名为"新家"。

（3）给"新家"图层进行调色处理。执行菜单"图像→调整→色阶"，调整效果如图6-12所示。

（4）再对该层执行菜单"图像→调整→色彩平衡"，如图6-13所示。

（5）对"新家"执行菜单"图像→调整→曲线"，如图6-14所示。

图6-11 "我的家乡"

图6-15就是经过色彩调整之后达到的效果。

（6）新建一个图层命名"色块"，在新图层上，用矩形选框工具填充蓝、黄、绿色三种块，并适当调整该层透明度，能透出底图，效果如图6-16所示。

（7）在工具箱里，选择文字工具 **T**，在"色块"层上面打出几行文字，适当调整字的大小，颜色为白色，适当注意一下编排就可，效果如图6-17所示。

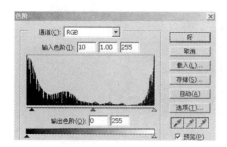

图 6-12　色阶对话框

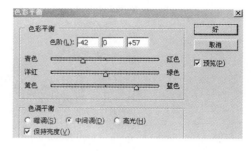

图 6-13　色彩平衡对话框

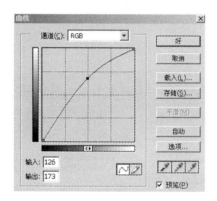

图 6-14　曲线对话框

图 6-15　曲线调整后图像

图 6-16　三色块

图 6-17　添加文字

（8）最后合并各图层。执行菜单"图层→合并可见图层"，完成图层合并。并保存到电脑中，命名为"我的家乡"，效果如图 6-18 所示。

图 6 - 18　总体效果

实验注意事项

（1）在对图像进行色彩校正时，应避免反复进行色彩模式的转换，因为不同的颜色有不同的色域，当从一种模式转换为另一种模式时，会丢失许多图像信息。建议采用 RGB 模式进行大部分编辑，再转为 CMYK 模式进行细致调整。

（2）图像的调整有各种方法，自己尝试用不同的方式调整色调，不同的调整方法带来的结果不一样。不要局限于一种方法，可以结合多种调整方法一起使用。

实验常见问题与操作技巧解答

（1）我们在使用色彩和色调调整的命令时，有什么共同点吗？

答：有。主要有以下共同点：

对话框中，若按下 Alt 键，则对话框中的 Cancel 按钮会变成 Reset 按钮，单击后可以将对话框中的参数还原为默认的参数设置。

使用这些命令只能调整当前图层的图像或是选择范围内的图像，对其他层上的图像没有影响。

（2）计算机显示器屏幕对图像调整的影响有哪些？

答：在对图像的色彩、色调调整时，主要是根据显示器屏幕显示来进行判断的，所以，在调整之前，自己先对屏幕进行色彩校正，这样才能保证调整后的色彩和实际需要的色彩基本一致。否则所有调整的意义都不大。

实验报告

将课堂实验完成的设计作品"我的家乡"存储为 JPEG 格式文件，发送到教师机。

思考与练习

（1）思考不同的图像调整方法对于不同的色彩模式的要求。

（2）把一张自己的照片调色成历史照片、艺术照片等各种色调艺术效果。

（3）尝试自己设计一张明信片。

实验 7　Photoshop 滤镜的使用

实验目的

Filter(滤镜)是 Photoshop 的特色工具之一, 灵活运用好滤镜不仅可以改善图像视觉效果, 掩盖其原有的缺陷, 还可以在原有图像的基础上产生许多特殊炫目的效果。

实验预习要点

①滤镜使用准则; ②滤镜的分组。

实验设备及相关软件(含设备相关功能简介)

微型计算机系统配置包括硬件和软件两部分。

1. 硬件

Win9x/NT/2000/XP, 要求内存为 128M 以上, 一个 40G 以上硬盘驱动器, 真彩彩色显示器。

2. 软件

用 Photoshop 即可。

实验基本理论

7.1　滤镜的使用准则

Filter(滤镜)是 Photoshop 的特色工具之一, 灵活运用好滤镜不仅可以改善图像视觉效果, 掩盖其原有的缺陷, 还可以在原有图像的基础上产生许多特殊炫目的效果。每种滤镜的效果是各不相同的, 我们只有通过大量的实践, 积累起使用好各种类别滤镜的方法, 才能达到自己创作预期的效果。但是我们也要注意, 滤镜是协助我们完成各种特效的一种方法, 我们不能过分地依赖滤镜的功能。在使用滤镜时, 有以下准则需要注意:

(1) 滤镜只能应用于当前可视图层或某一通道, 且可以反复应用, 连续应用。

(2) 滤镜不能应用于位图模式、索引颜色和 48bit RGB 模式的图像, 某些滤镜只对 RGB 模式的图像起作用, 如 Brush Strokes(画笔描边)滤镜和 Sketch(素描)滤镜就不能在 CMYK 模式下使用。还有, 滤镜只能应用于图层的有色区域, 对完全透明的区域没有效果。

(3) 有些滤镜完全在内存中处理, 所以内存的容量对滤镜的生成速度影响很大。

（4）上次使用的滤镜将出现在滤镜菜单的顶部，可以通过执行此命令对图像再次应用上次使用过的滤镜效果，或者使用快捷键 Ctrl + F 即可。

（5）如果在滤镜设置窗口中对自己调节的效果感觉不满意，希望恢复调节前的参数，可以按住 Alt 键，这时取消按钮会变为复位按钮，单击此按钮就可以将参数重置为调节前的状态。

（6）有些滤镜很复杂亦或是要应用滤镜的图像尺寸很大，执行时需要很长时间，如果想结束正在生成的滤镜效果，只需按 Esc 键即可，当然滤镜中的预览效果可以节省时间并避免不想要的结果。

预览滤镜效果

在滤镜对话框中，一般都可以提供预览功能，这样就可以很快地预览滤镜处理的效果。这样方便我们调节使用滤镜。下面我们以"滤镜→锐化→USM 锐化"里的"USM 锐化"效果为例，如图 7 - 1 所示。

指定预览位置

当我们需要预览图像内的某一个位置时，可以将鼠标移至图像上，此时鼠标会变为一个预览方框，只要你在想预览的位置点击就可以看见预览效果。

移动画面

如果要移动预览框内的图像，除了直接在图像窗口中点选外，也可以在预览窗口内拖动图像即可。

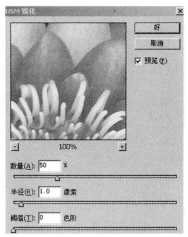

图 7 - 1　锐化对话框

另外在预览窗口中可以显示图像调整前后的效果。你只要在预览框内按住鼠标左键不放就可以看到调整前的图像，放开鼠标，又可以看到正在调整的图像效果。

7.2　提高滤镜效率的操作技巧

使用快捷键能更好地节省执行滤镜特效处理时所使用的时间。要还原滤镜操作，按 Ctrl + Z 键；要再次运用最近使用的滤镜，按 Ctrl + F 键；要显示最后一次运用滤镜的对话框，按 Ctrl + Alt + F 键即可。

如果图像太大或者电脑本身内存不够时，可以对图像的单个通道进行滤镜效果设置。

在滤镜对话框中，如果想恢复至图像刚打开时的状态，可以按下 Alt 键，对话框中的"取消"键就会变成"复位"键。

7.3　滤镜的分组分类

Photoshop 共内置了 17 组滤镜，可以通过滤镜菜单进行访问（如图 7 - 2），对于抽出、液化、图案生成器和 Digimarc 命令，我们会放在后面讲解。

1. 第一组：Pixelate（像素化）

Pixelate（像素化）滤镜类似于色彩构成的效果。它将图像分成一定的区域，将这些区域转变为相应的色块，再由大量的色块构成图像。

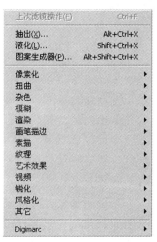

图 7 - 2　滤镜菜单

（1）Facet（彩块化滤镜）。

作用：使用纯色或相近颜色的像素结块来重新绘制图像，类似手绘的效果。

调节参数：无。

效果：变化不大，如图7-3所示。

（2）Color Halftone（彩色半调滤镜）。

作用：模拟在图像的每个通道上使用半调网屏的效果，将一个通道分解为若干个矩形，然后用圆形替换掉矩形，圆形的大小与矩形的亮度成正比，如图7-4所示。

原图像　　　　　　　　过滤后

图7-3　彩块化图像对比

图7-4　彩色半调滤镜对话框

最大半径：设置半调网屏的最大半径。

对于灰度图像：只使用通道1。

对于RGB图像：使用1，2和3通道，分别对应红色、绿色和蓝色通道。

对于CMYK图像：使用所有四个通道，对应青色、洋红、黄色和黑色通道。

效果：变化明显，如图7-5所示。

（3）Grystallize（晶格化）。

作用：将图像分解为随机分布的网点，模拟点状绘画的效果，使用背景色填充网点之间的空白区域。

原图像　　　　　　彩色半调滤镜效果后

图7-5　彩色半调后图像对比

调节参数：如图7-6所示。

单元格大小：调整单元格的尺寸，不要设置得过大，否则图像将变得面目全非，范围是3到300。

效果：变化效果不错，如图7-7所示。

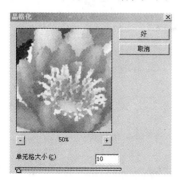

图7-6　晶格化对话框

原图像　　　　　　晶格化效果后

图7-7　晶格化图像对比

（4）Pointillize（点状化滤镜）。

作用：使用多边形纯色结块重新绘制图像。

调节参数：对话框如图 7 – 8 所示。

效果变化：类似晶格化效果，只是色块形状有变化，见图 7 – 9 所示。

图 7 – 8　点状化对话框

原图像　　　　　　　　　点状化效果

图 7 – 9　点状化后图像对比

（5）Fragment（碎片滤镜）。

作用：将图像创建四个相互偏移的副本，产生类似重影的效果。

调节参数：无。

效果：虚幻、模糊，如图 7 – 10 所示。

（6）Mezzotint（铜版雕刻滤镜）。

作用：使用黑白或颜色完全饱和的网点图案重新绘制图像。

调节参数：对话框如图 7 – 11 所示。

原图像　　　　　　　碎片效果

图 7 – 10　碎片图像对比

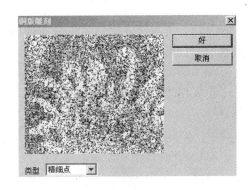

图 7 – 11　铜板雕刻对话框

类型：共有 10 种类型，分别为精细点、中等点、粒状点、粗网点、短线、中长直线、长线、短描边、中长描边和长边。

效果：变化为粗糙效果，如图 7 – 12 所示。

（7）Mosaic（马赛克滤镜）。

作用：众所周知的马赛克效果，将像素结为方形块。

调节参数：对话框如图 7 – 13 所示。

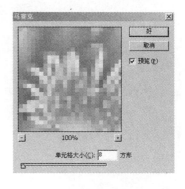

原图像　　　　　铜版雕刻滤镜

图 7 – 12　铜版雕刻后图像对比

图 7 – 13　马赛克滤镜对话框

单元格大小：调整色块的尺寸。

效果：常见的马赛克图像，如图 7 – 14 所示。

2. 第二组：Distort(扭曲)

扭曲滤镜对图像进行扭曲实现几何变形，创建三维或其他各种变形效果。

(1) Wave(波浪滤镜)。

参数：对话框如图 7 – 15 所示。

生成器数：控制产生波的数量，范围是 1 到 999。

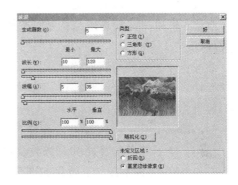

原图像　　　　　马赛克效果

图 7 – 14　马赛克后图像的对比

图 7 – 15　波浪对话框

波长：其最大值与最小值决定相邻波峰之间的距离，两值相互制约，最大值必须大于或等于最小值。

波幅：其最大值与最小值决定波的高度，两值相互制约，最大值必须大于或等于最小值。

比例：控制图像在水平或垂直方向上的变形程度。

类型：有三种类型可供选择，分别是正弦、三角形和正方形。

随机化：每单击一下此按钮都可以为波浪指定一种随机效果。

折回：将变形后超出图像边缘的部分反卷到图像的对边。

重复边缘像素：将图像中因为弯曲变形超出图像的部分分布到图像的边界上。

效果：如图 7 – 16 所示。

(2) Ripple(波纹滤镜)。

作用：可以使图像产生类似水波纹的效果。

在选区上创建起伏图案，选择范围比波浪滤镜效果要小，其选项有波纹数量和大小。

效果：如图 7 – 17 所示。

原图像 图 7 – 16 波浪效果 图 7 – 17 波纹效果

（3）Glass（玻璃滤镜）。

作用：使图像看上去如同透过不同玻璃观看一样，此滤镜不能应用于 CMYK 和 LAB 模式下的图像。

调节参数：

扭曲度：控制图像的扭曲程度，范围是 0 到 20。

平滑度：平滑图像的扭曲效果，范围是 1 到 15。

纹理：可以指定纹理效果，可以选择现成的结霜、块、画布和小镜头纹理，也可以载入别的纹理。

缩放：控制纹理的缩放比例。

反相：使图像的暗区和亮区相互转换。

效果：如图 7 – 18 所示。

（4）Ocean Ripple（海洋波纹滤镜）。

作用：使图像产生普通的海洋波纹效果，使图像看上去像是在水中。此滤镜不能应用于 CMYK 和 LAB 模式下图像，效果如图 7 – 19 所示。

（5）Polar Coordinates（极坐标滤镜）。

作用：可将图像的坐标从平面坐标转换为极坐标或从极坐标转换为平面坐标。

效果：如图 7 – 20 所示。

  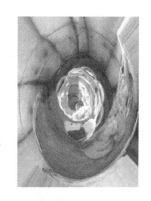

图 7 – 18 玻璃效果 图 7 – 19 海洋波纹效果 图 7 – 20 极坐标效果

（6）Pinch（挤压滤镜）。

作用：使图像的中心产生凸起或凹下的效果。

调节参数：无。

数量：控制挤压的强度，正值为向内挤压，负值为向外挤压，范围是 −100% 到 100%。

效果：如图 7 − 21 所示。

（7）Diffuse Glow（扩散亮光滤镜）。

作用：向图像中添加透明的背景色颗粒，在图像的亮区向外进行扩散添加，产生一种类似发光的效果。此滤镜不能应用于 CMYK 和 LAB 模式下的图像。

效果：如图 7 − 22 所示。

（8）Shear（切变滤镜）。可产生以下的效果：

折回：将切变后超出图像边缘的部分反卷到图像的对边。

重复边缘像素：将图像中因为切变变形超出图像的部分分布到图像的边界上。

效果：如图 7 − 23 所示。

图 7 − 21　挤压效果　　　　图 7 − 22　扩散亮光效果　　　　图 7 − 23　切变效果

（9）Spherize（球面化滤镜）。

作用：通过将选区附在球形上，扭曲图像，可以使选区中心的图像产生凸出或凹陷的球体效果，类似挤压滤镜的效果。

效果：如图 7 − 24 所示。

（10）Zigzag（水波滤镜）。

作用：使图像产生同心圆状的波纹效果。

数量：为波纹的波幅。

起伏：控制波纹的密度。

围绕中心：将图像的像素绕中心旋转。

从中心向外：靠近或远离中心置换像素。

水池波纹：将像素置换到中心的左上方和右下方。

效果：如图 7 − 25 所示。

（11）Twirl（旋转扭曲滤镜）。

作用：旋转选区，中心旋转幅度比边沿的旋转幅度大，指定角度可生成扭曲图案。

效果：如图 7 − 26 所示。

（12）Displace（置换滤镜）。

作用：可以产生弯曲、碎裂的图像效果。置换滤镜比较特殊的是设置完毕后，还需要选择一个图像文件作为位移图，滤镜根据位移图上的颜色值移动图像像素。

图 7-24　球面化效果　　　　　图 7-25　水波效果　　　　　图 7-26　旋转扭曲

3. 第三组：Noise(杂色)

Noise 杂色滤镜用于添加或移去杂色或带有随机分布色阶的像素，并将其融入周围的图像中去。"杂色"滤镜可以创建不同的纹理或者弱化图像中有问题的区域，比如灰尘和划痕。

(1) Dust&Scratches(蒙尘与划痕滤镜)。

作用：通过更改相异的像素减少杂色，并将其融入周围的图像中去。请尝试半径与阈值设置的各种组合。

效果：如图 7-27 所示，其中图 7-27(a)为原图像。

(2) Despeckle(去斑滤镜)。

作用：检测图像边缘颜色变化较大的区域，通过模糊除边缘以外的其他部分以起到消除杂色的作用，但不损失图像的细节。这种模糊特别是对扫描图像进行去网效果较好。

效果：如图 7-28 所示。

(a) 原图像　　　　(b) 蒙尘与划痕效果

图 7-27　效果图　　　　　　　　　图 7-28　去斑效果

(3) Add Noise(添加杂色滤镜)。

作用：将添入的杂色与图像相混合。

可调整：

平均分布：使用随机分布产生杂色。

高斯分布：根据高斯钟形曲线进行分布，产生的杂色效果更明显。

单色：选中此项，添加的杂色将只影响图像的色调，而不会改变图像的颜色。

效果：如图 7 – 29 所示。

（4）Median（中间值滤镜）。

作用：通过混合选区内像素的亮度来减少图像中的杂色。此滤镜在像素选区半径中搜索相同亮度的像素，丢掉与邻近像素相差太大的像素，并用搜索到像素的中间亮度值替换中心像素。此滤镜对于消除或减少图像的动感效果非常有用。

效果：如图 7 – 30 所示。

图 7 – 29　添加杂色效果

图 7 – 30　中间值效果

4．第四组：Blur（模糊）

Blur（模糊）滤镜共包括 6 种滤镜，模糊滤镜效果可以柔化选区或图像，淡化图像中不同色彩的边界，以达到掩盖图像的缺陷或创造出特殊效果的作用，原图像如图 7 – 31 所示。

（1）Motion Blur（动感模糊滤镜）。

作用：以指定的方向（ – 360 度至 + 360 度），以指定的强度（1 至 999）对图像进行模糊。此滤镜效果类似用适当的时间给运动的物体拍照，如图 7 – 32 所示。

（2）Gaussian Blur（高斯模糊滤镜）。

作用：按可调的值快速模糊选中的图像部分，产生一种朦胧的效果。此滤镜在进行字体的特殊效果制作时，在通道内经常被应用以达到特殊效果，如图 7 – 33 所示。

图 7 – 31　原图像

（3）Blur（模糊滤镜）。

作用：产生轻微模糊效果，可消除图像中的杂色，如果只应用一次效果不明显，可重复应用。

（4）Blur More（进一步模糊滤镜）。

作用：产生的模糊效果为模糊滤镜效果的 3 ~ 4 倍。

效果：如图 7 – 34 所示。

（5）Radial Blur（径向模糊滤镜）。

作用：模拟前后移动相机或旋转相机产生的模糊，以制作柔和模糊的效果。

效果：如图 7 - 35 所示。

（6）Smart Blur（特殊模糊滤镜）。

作用：可以产生多种模糊效果，使图像的层次感减弱。

半径：确定滤镜要模糊的距离。

阀值：确定像素之间的差别达到何值时可以对其进行消除，以及指定模糊品质。

品质：可以选择高、中、低三种品质。

正常：此模式只将图像模糊。

边缘优先：此模式可勾画出图像的色彩边界。叠加边缘：前两种模式的叠加效果。

图 7 - 32　动感模糊效果　　图 7 - 33　高斯模糊效果　　图 7 - 34　进一步模糊　　图 7 - 35　径向模糊

5. 第五组：Render（渲染）

Render（渲染）滤镜使图像产生三维映射云彩图像、折射图像和模拟光线反射，还可以用灰度文件创建纹理进行填充。

（1）3D Transform（3D 变换滤镜）。

作用：将图像映射为立方体、球体和圆柱体，并且可以对其中的图像进行三维旋转，此滤镜不能应用于 CMYK 和 LAB 模式下的图像。

（2）Difference Clouds（分层云彩滤镜）。

作用：使用随机生成的介于前景色与背景色之间的值来生成云彩图案，产生类似负片的效果，此滤镜不能应用于 LAB 模式下的图像。

（3）Lighting Effects（光照效果滤镜）。

作用：使图像呈现光照的效果，此滤镜不能应用于灰度、CMYK 和 LAB 模式下的图像。

样式：滤镜自带了 17 种灯光布置的样式，我们可以直接调用，我们还可以将自己的设置参数存储为样式，以备日后调用。

三种灯光类型：点光、平行光和全光源。

点光：当光源的照射范围框为椭圆形时为斜射状态，投射下椭圆形的光圈；当光源的照射范围框为圆形时为直射状态，效果与全光源相同。

平行光：均匀地照射整个图像，此类型灯光无聚焦选项。

全光源：光源为直射状态，投射下圆形光圈。

强度：调节灯光的亮度，若为负值则产生吸光效果。

聚焦：调节灯光的衰减范围。

属性：每种灯光都有光泽、材料、曝光度和环境四种属性。通过单击窗口右侧的两个色块可以设置光照颜色和环境色。

纹理通道：选择要建立凹凸效果的通道。

白色部分凸出：默认此项为勾选状态，若取消此项的勾选，凸出的将是通道中的黑色部分。

高度：控制纹理的凹凸程度。

（4）Lens Flare（镜头光晕滤镜）。

作用：模拟亮光照射到相机镜头所产生的光晕效果。通过点击图像缩览图来改变光晕中心的位置，此滤镜不能应用于灰度、CMYK 和 LAB 模式下的图像。里面有三种镜头类型：50～300mm 变焦、35mm 聚焦和 105mm 聚焦。

（5）Texture Fill（纹理填充滤镜）。

作用：用选择的灰度纹理填充选区。

（6）Clouds（云彩滤镜）。

作用：使用介于前景色和背景色之间的随机值生成柔和的云彩效果，如果按住 Alt 键使用云彩滤镜，将会生成色彩相对分明的云彩效果。

6. 第六组：Brush Strokes（画笔描边）

Brush Strokes（画笔描边）滤镜主要模拟使用不同的画笔和油墨笔触效果产生绘画式或精美艺术的外观。（注：此类滤镜不能应用在 CMYK 和 LAB 模式下。）

（1）Angled Strokes（成角的线条滤镜）。

作用：使用成角的线条勾画图像。

（2）Spatter（喷溅滤镜）。

作用：模拟喷枪的效果，创建一种类似透过浴室玻璃观看图像的效果。

（3）Sprayed Strokes（喷色描边滤镜）。

作用：使用所选图像的主色，并用成角的、喷溅的颜色线条来描绘图像，所以得到的与喷溅滤镜的效果很相似。

（4）Accented Edges（强化的边缘滤镜）。

作用：将图像的色彩边界进行强化处理，设置较高的边缘亮度值，将增大边界的亮度，强化类似白色粉笔；设置较低的边缘亮度值，将降低边界的亮度，强化类似黑色油墨。

（5）Dark Strokes（深色线条滤镜）。

作用：用黑色线条描绘图像的暗区，用白色线条描绘图像的亮区。

（6）Sumi－e（烟灰墨滤镜）。

作用：以日本画的风格来描绘图像，类似应用深色线条滤镜之后又模糊的效果。

（7）Crosshatch（阴影线滤镜）。

作用：类似用铅笔阴影线的笔触对所选的图像进行勾画的效果，与成角的线条滤镜的效果相似。该滤镜保留原图像的细节和特征，"强度"选项控制使用阴影线的遍数为 1～3。

（8）Ink Outlines（油墨概况滤镜）。

作用：用纤细的线条勾画图像的色彩边界，类似钢笔画的风格。

7. 第七组：Sketch（素描）

Sketch（素描）滤镜用于创建手绘图像的效果，简化图像的色彩。（注：此类滤镜不能应用在 CMYK 和 LAB 模式下。）

（1）Conte Crayon（炭精笔滤镜）。

作用：可用来模拟炭精笔的纹理效果。在暗区使用前景色，在亮区使用背景色替换。

前景色阶：调节前景色的作用强度。

背景色阶；调节背景色的作用强度。

我们可以选择一种纹理，通过缩放和凸现滑块对其进行调节，但只有在凸现值大于零时纹理才会产生效果。

光照方向：指定光源照射的方向。

反相：可以使图像的亮色和暗色进行反转。

（2）Halftone Pattern（半调图案滤镜）。

作用：模拟半调网屏的效果，且保持连续的色调范围。

（3）Note Paper（便条纸滤镜）。

作用：模拟纸浮雕的效果。与颗粒滤镜和浮雕滤镜先后作用于图像所产生的效果类似。

（4）Chalk & Charcoal（粉笔和炭笔滤镜）。

作用：创建类似炭笔素描的效果。粉笔绘制图像背景，炭笔线条勾画暗区。粉笔绘制区应用背景色，炭笔绘制区应用前景色。

（5）Chrome（铬黄滤镜）。

作用：将图像处理成银质的铬黄表面效果。亮部为高反射点，暗部为低反射点。

（6）Graphic Pen（绘图笔滤镜）。

作用：使用线状油墨来勾画原图像的细节。油墨应用前景色，纸张应用背景色。

（7）Bas Relief（基底凸现滤镜）。

作用：变换图像使之呈浮雕和突出光照共同作用下的效果。图像的暗区使用前景色替换，浅色部分使用背景色替换。

（8）Water Paper（水彩画纸滤镜）。

作用：产生类似在纤维纸上的涂抹效果，并使颜色溢出或相互混合。

（9）Torn Edges（撕边滤镜）。

作用：重建图像，使之呈现撕破的纸片状，并用前景色和背景色对图像着色。

（10）Plaster（塑料效果滤镜）。

作用：模拟塑料浮雕效果，并使用前景色和背景色为结果图像着色。暗区凸起，亮区凹陷。

（11）Charcoal（炭笔滤镜）。

作用：用于重绘图像以创建海报化、涂抹效果。主要的边缘使用粗线条绘制，中间色调用对角描边进行勾画。炭笔应用前景色，纸张应用背景色。

（12）Stamp（图章滤镜）。

作用：简化图像，使之呈现图章盖印的效果，此滤镜用于黑白图像时效果最佳。

（13）Reticulation（网状滤镜）。

作用：使图像的暗调区域结块，高光区域好像被轻微颗粒化。

（14）Photocopy（影印滤镜）。

作用：模拟影印图像效果。暗区趋向于边缘的描绘，而中间色调为纯白或纯黑色。

8．第八组：Texture（纹理）

Texture（纹理）滤镜为图像创造各种纹理材质的感觉。（注：此组滤镜不能应用于CMYK和LAB模式下的图像。）

（1）Craquelure（龟裂缝滤镜）。

作用：根据图像的等高线生成精细的纹理，应用此纹理使图像产生浮雕的效果。

（2）Grain（颗粒滤镜）。

作用：模拟不同的颗粒（常规、软化、喷洒、结块、强反差、扩大、点刻、水平、垂直和斑点）纹理添加到图像的效果。

（3）Mosaic Tiles（马赛克拼贴滤镜）。

作用：使图像看起来由方形的拼贴块组成，并在块与块之间增加缝隙，而且图像呈现出浮雕效果。

（4）Patchwork（拼缀图滤镜）。

作用：将图像分解为由若干方形图块组成的效果，图块的颜色由该区域的最显著颜色填充。

（5）Stained Glass（染色玻璃滤镜）。

作用：将图像重新绘制成彩块玻璃效果，以图像的色相为基准，绘制出一些单元格，类似一块块染色玻璃拼接的效果。边框由前景色填充。

（6）Texturizer（纹理化滤镜）。

作用：对图像直接应用自己选择的纹理。

9．第九组：Artistic（艺术效果）

Artistic（艺术效果）滤镜共包括 15 种滤镜，可以得到用于精美艺术品或商业项目的艺术或特殊效果。这些滤镜模仿天然或传统的媒体效果。注意，该滤镜必须在 RGB 模式下使用，如果当前文件是 CMYK 模式，必须先转换为 RGB 模式。

（1）Fresco（壁画滤镜）。

作用：使用小块的颜料来粗糙地绘制图像。

（2）Colored Pencil（彩色铅笔滤镜）。

作用：使用彩色铅笔在纯色背景上绘制图像。重要的边沿被保留并带有粗糙的阴影线外观。为了制作该滤镜效果，先更改背景色，再对所选区域应用该滤镜。

（3）Rough Pastels（粗糙蜡笔滤镜）。

作用：模拟用彩色蜡笔在带纹理的图像上的描边效果。

（4）Under Painting（底纹效果滤镜）。

作用：模拟选择的纹理与图像相互融合在一起的效果。

（5）Palette Knife（调色刀）。

作用：降低图像的细节并淡化图像，使图像呈现出绘制在湿润的画布上的效果。

（6）Dry Brush（干画笔）。

作用：使用干画笔绘制图像，形成介于油画和水彩画之间的效果。

（7）Poster Edges（海报边缘滤镜）。

作用：根据设置的海报化选项来减少图像中的颜色数量，并查找图像的边沿，在边沿上绘制黑色线条。

（8）Sponge（海绵滤镜）。

作用：使用颜色对比强烈、纹理重的区域创建图像，使之感觉是用海绵绘制的一样。

（9）Paint Daubs（绘画涂抹滤镜）。

作用：选取各种大小（1～150）和类型的画笔来创建绘画效果。画笔类型包括简单、未处理光照、暗光、宽锐化、宽模糊和火花。

（10）Film Grain（胶片颗粒滤镜）。

作用：模拟图像的胶片颗粒效果。

（11）Cutout（木刻滤镜）。

作用：将图像描绘成如同用彩色纸片拼贴的一样。

（12）Neon Glow（霓虹灯光滤镜）。

作用：模拟霓虹灯光照射图像的效果，图像背景将用前景色填充。

（13）Water Color（水彩滤镜）。

作用：模拟水粉风格的图像。

（14）Plastic Warp（塑料包装滤镜）。

作用：将图像的细节部分涂上一层发光的塑料，以强调图像细节。

（15）Smudge Stick（涂抹棒滤镜）。

作用：用对角线描边涂抹图像的暗区以柔化图像。

10．第十组：Video（视频）

滤镜属于 Photoshop 的外部接口程序，用来从摄像机输入图像或将图像输出到录像带上。

（1）NTSC（NTSC 颜色滤镜）。

作用：将色域限制在电视机重现可接受的范围内，以防止过饱和颜色渗到电视扫描行中。此滤镜对基于视频的因特网系统上的 Web 图像处理很有帮助。（注：此组滤镜不能应用于灰度、CMYK 和 LAB 模式下的图像。）

（2）De - Interlace（逐行滤镜）。

作用：通过去掉视频图像中的奇数或偶数交错行，使在视频上捕捉的运动图像变得平滑。可以选择"复制"或"插值"来替换去掉的行（注：此组滤镜不能应用于 CMYK 模式下的图像）。

11．第十一组：Sharpen（锐化）

Sharpen（锐化）滤镜通过增加相邻像素的对比度来使模糊图像变清晰。

（1）Unsharp Mask（USM 锐化滤镜）。

作用：改善图像边缘的清晰度。

（2）Sharpen（锐化滤镜）。

作用：产生简单的锐化效果，用于聚焦选区，并使之更加清晰。

（3）Sharpen More（进一步锐化滤镜）。

作用：产生比锐化滤镜更强的锐化效果。

（4）Sharpen Edges（锐化边缘滤镜）。

作用：与锐化滤镜的效果相同，但它只是锐化图像的边缘。

12．第十二组：Stylize（风格化）

Stylize（风格化）滤镜主要作用于图像的像素，可以强化图像的色彩边界，所以图像的对比度对此类滤镜的影响较大，风格化滤镜最终营造出的是一种印象派的图像效果。

（1）Find Edges（查找边缘滤镜）。

作用：用相对于白色背景的深色线条来勾画图像的边缘，得到图像的大致轮廓。如果我们先加大图像的对比度，然后再应用此滤镜，可以得到更多更细致的边缘。

（2）Trace Contour（等高线滤镜）。

作用：类似于查找边缘滤镜的效果，但允许指定过渡区域的色调水平，主要作用是查找主要亮度区域的过渡，并对于每个颜色通道用细线勾画它们，得到与等高线图中的线类似的效果。

（3）Wind（风滤镜）。

作用：在图像中色彩相差较大的边界上创建细小的水平短线来模拟风的效果。其里面的参数有：

风：细腻的微风效果。

大风：比风效果要强烈得多，图像改变很大。

飓风：最强烈的风效果，图像已发生变形。

从左：风从左面吹来。

从右：风从右面吹来。

（4）Emboss（浮雕效果滤镜）。

作用：生成凸出和浮雕的效果，对比度越大的图像浮雕的效果越明显。

（5）Diffuse（扩散滤镜）。

作用：搅动图像选项内的像素，使选区看起来聚焦较低，产生类似透过磨砂玻璃观看图像的效果。

（6）Tiles（拼贴滤镜）。

作用：将图像按指定的值分裂为若干个正方形的拼贴图块，并按设置的位移百分比的值进行随机偏移。

（7）Solarize（曝光过度滤镜）。

作用：使图像产生原图像与原图像的反相进行混合后的效果，与在冲洗过程中将照片简单地曝光以加亮类似（注：此滤镜不能应用在 LAB 模式下）。

（8）Extrude（凸出滤镜）。

作用：将图像分割为指定的三维立方块或棱锥体（注：此滤镜不能应用在 LAB 模式下）。

参数：

块：将图像分解为三维立方块，将用图像填充立方块的正面。

金字塔：将图像分解为类似金字塔形的三棱锥体。

大小：设置块或金字塔的底面尺寸。

深度：控制块突出的深度。

随机：选中此项后使块的深度取随机数。

基于色阶：选中此项后使块的深度随色阶的不同而定。

立方体正面：勾选此项，将用该块的平均颜色填充立方块的正面。

蒙版不完整块：使所有块的突起包括在颜色区域。

（9）Glowing Edges（照亮边缘滤镜）。

作用：使图像的边缘产生发光效果（注：此滤镜不能应用在 LAB、CMYK 和灰度模式下）。

13. 第十三组：Other（其他滤镜）

（1）High Pass（高反差保留滤镜）。

作用：用于在明显的颜色过渡处，保留指定半径内的图像边缘的细节，并隐藏图像的其他部分。

（2）Offset（位移滤镜）。

作用：按照输入的值在水平和垂直的方向上移动图像。

（3）Custum（自定滤镜）。

作用：根据预定义的数学运算更改图像中每个像素的亮度值，可以模拟出锐化、模糊或浮雕的效果。我们可以将自己设置的参数存储起来以备日后调用。

14. 第十四组：Extract（抽出）

Extract（抽出）在7.0中被移到了滤镜菜单中，可别找不着了喔！抽出滤镜可以将对象与其背景分离，无论对象的边缘是多么细微和复杂……

作用：Extract（抽出）可以将对象与其背景分离，无论对象的边缘是多么细微和复杂，使用抽出命令都能够得到满意的效果。主要步骤为先标记出对象的边缘并对要保留的部分进行填充，可以进行预览，然后对抽出的效果进行修饰，抽出对话框如图7－35所示。

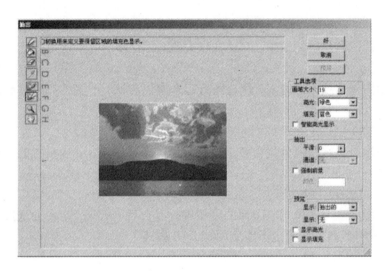

图7－35　抽出对话框

参数：

A——边缘高光器工具：此工具用来绘制要保留区域的边缘。

B——填充工具：填充要保留的区域。

C——橡皮擦工具：可擦除边缘的高光。

D——吸管工具：当强制前景被勾选时可用此工具吸取要保留的颜色。

E——清除工具：使蒙版变为透明的，如果按住Alt键则效果正相反。

F——边缘修饰工具：修饰边缘的效果，如果按住Shift键使用可以移动边缘像素。

G——缩放工具：可以放大或缩小图像。

H——抓手工具：当图像无法完整显示时，可以使用此工具对其进行移动操作。

画笔大小：指定边缘高光器、橡皮擦、清除和边缘修饰工具的宽度。

高光：可以选择一种或自定一种高光颜色。

填充：可以选择一种或自定一种填充颜色。

智能高光显示：根据边缘特点自动调整画笔的大小绘制高光，在对象和背景有相似的颜色或纹理时勾选此项可以大大改进抽出的质量。

平滑：平滑对象的边缘。

通道：使高光基于存储在Alpha通道中的选区。

强制前景：在高光显示区域内抽出与强制前景色颜色相似的区域。

颜色：指定强制前景色。

显示：可从右侧的列表框中选择预览时显示原稿还是显示抽出后的效果。

显示：可从右侧的列表框中选择抽出后背景的显示方式。

显示高光：勾选此项，可以显示出绘制的边缘高光。

显示填充：勾选此项，可以显示出对象内部的填充色。

15．第十五组：Liquify（液化）

作用：使用 Liquify（液化）滤镜所提供的工具，我们可以对图像任意扭曲，还可以定义扭曲的范围和强度。还可以将我们调整好的变形效果存储起来或载入以前存储的变形效果，总之，液化命令为我们在 Photoshop 中变形图像和创建特殊效果提供了强大的功能，液化对话框如图 7 - 36 所示。

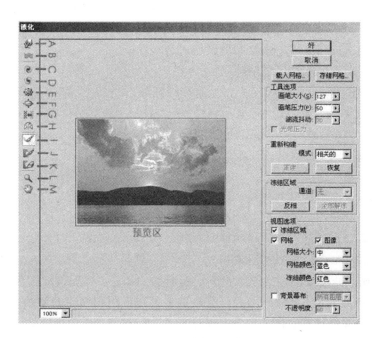

图 7 - 36　液化对话框

参数：

A——变形工具：可以在图像上拖动像素产生变形效果。

B——湍流工具：可平滑地移动像素，产生各种特殊效果。

C——顺时针旋转扭曲工具：当你按住鼠标按钮或来回拖动时顺时针旋转像素。

D——逆时针旋转扭曲工具：当你按住鼠标按钮或来回拖动时逆时针旋转像素。

E——褶皱工具：当你按住鼠标按钮或来回拖动时像素靠近画笔区域的中心。

F——膨胀工具：当你按住鼠标按钮或来回拖动时像素远离画笔区域的中心。

G——移动像素工具：移动与鼠标拖动方向垂直的像素。

H——对称工具：将范围内的像素进行对称拷贝。

I——重建工具：对变形的图像进行完全或部分的恢复。

J——冻结工具：可以使用此工具绘制不会被扭曲的区域。

K——解冻工具：使用此工具可以使冻结的区域解冻。

L——缩放工具：可以放大或缩小图像。

M——抓手工具：当图像无法完整显示时，可以使用此工具对其进行移动操作。

载入网格：单击此按钮，然后从弹出的窗口中选择要载入的网格。

存储网格：单击此按钮可以存储当前的变形网格。

画笔大小：指定变形工具的影响范围。

画笔压力：指定变形工具的作用强度。

湍流抖动：调节湍流的紊乱度。

光笔压力：是否使用从光笔绘图板读出的压力。

模式：可以选择重建的模式，共有恢复，刚硬的，僵硬的，平滑的，疏松的，置换，膨胀的和相关的八种模式。

重建：单击此按钮，可以依照选定的模式重建图像。

恢复：单击此按钮，可以将图像恢复至变形前的状态。

通道：可以选择要冻结的通道。

反相：将绘制的冻结区域与未绘制的区域进行转换。

全部解冻：将所有的冻结区域清除。

冻结区域；勾选此项，在预览区中将显示冻结区域。

网格：勾选此项，在预览区中将显示网格。

图像：勾选此项，在预览区中将显示要变形的图像。

网格大小：选择网格的尺寸。

网格颜色：指定网格的颜色。

冻结颜色：指定冻结区域的颜色。

背景幕布：勾选此项，可以在右侧的列表框中选择作为背景的其他层或所有层都显示。

不透明度：调节背景幕布的不透明度。

16. 第十六组：Pattern Maker(图案生成器)

作用：Pattern Maker(图案生成器)滤镜是新增加的插件，根据选取图像的部分或剪贴板中的图像来生成各种图案，其特殊的混合算法避免了在应用图像时的简单重复，实现了拼贴块与拼贴块之间的无缝连接。因为图案是基于样本中的像素，所以生成的图案与样本具有相同的视觉效果。

17. 第十七组：Digimarc 滤镜

Digimarc 滤镜的功能主要是让用户添加或查看图像中的版权信息。

（1）Read Watermark（读取水印滤镜）。

作用：可以查看并阅读该图像的版权信息。

（2）Embed Watermark（嵌入水印滤镜）。

作用：在图像中产生水印。用户可以选择图像是受保护的还是完全免费的。水印是作为杂色添加到图像中的数字代码，它可以以数字和打印的形式长期保存，且图像经过普通的编辑和格式转换后水印依然存在。水印的耐用程度设置得越高，则越经得起多次的复制。如果要用数字水印注册图像，可单击个人注册按钮，用户可以访问 Digimarc 的 Web 站点获取一个注册号。

实验内容与步骤

铜版画效果制作

（1）首先用 Photoshop 打开一幅图，要求为 RGB 模式，而且画面最好不要太复杂，过多的细节会在做纹理时使画面显得很乱，看不出表现的轮廓。本例图片为"手脚"。

（2）先把背景层复制一个，再将背景层填为白色。将刚才复制出来的背景副本层用自由变换工具(Ctrl + t)缩小，放到画面中央，这样图的周围就有了一条白边，如图 7 - 37 所示。

（3）将背景副本层执行图层样式，使图的四周产生立体感，如图 7 - 38 所示。这里只是简单地做个边框，要想使边框也显得很好看的话，可以单做，但注意边框与画面的四边要有一定的距离，或者边框的层次变化较丰富，否则后面引入纹理的时候显不出来。

图 7 - 37　复制背景层

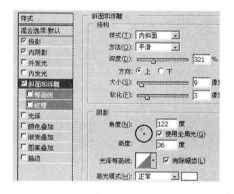

图 7 - 38　图像样式对话框

（4）执行菜单"图像→调整→去色"（去掉颜色信息的干扰，比较直观地把握明暗对比）然后再次执行色阶的调整"图像→调整→色阶"，这一步关系到纹理的清晰程度。我们要使图像变得更黑白分明一些，调整的标准是保留必要的细节，略去不要的部分，使轮廓线变清晰，如图 7 - 39 所示。

（5）将图片另存为一个.psd 的文件。

（6）新建一个图层为"纹理"并填充成黑色，如图 7 - 40 所示。

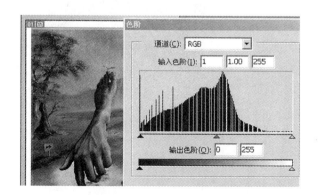

图 7 - 39　色阶处理

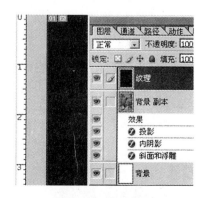

图 7 - 40　增加纹理

95

（7）我们将调入纹理。执行"滤镜→纹理→纹理化"，选择下拉菜单的最后一项"载入纹理"，如图 7 – 41 所示。

（8）选择菜单"滤镜→渲染→光照效果"。将灯选为"柔化全光源"，注意"光照类型"要选全光源，将光圈的直径拉大，将属性参数一栏的颜色选一个深些的黄色，其他参数如图 7 –42 所示。

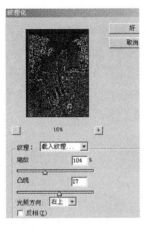

图 7 –41　纹理化效果

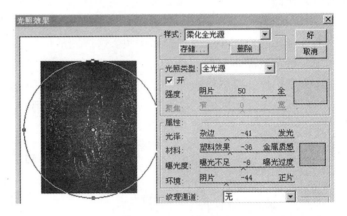

图 7 –42　光照效果

（9）再对图像进行一下修饰，把"纹理"图层进行复制，把图层的模式设置为滤色，如图 7 –43 所示。

（10）最后得到如图 7 –44 的效果。这个例子中用到的光照滤镜还可以渲染出很多种效果，大家可以发挥想像，也许会有更特别的效果。

图 7 –43　复制纹理层

图 7 –44　最终效果

霓虹效果

（1）打开软件 Photoshop。

（2）在 Photoshop 中打开本实验所需要的素材图片，如图 7 –45 所示，最好准备一张线条鲜明的素材图片。

图7-45

（3）执行"滤镜"（Filter）|"模糊"（Blur）|"高斯模糊"（Gaussian Blur），设置"半径"（Radius）为"2.0pixels"，如图7-46所示。

图7-46　高斯模糊

（4）接着再执行"滤镜"（Filter）|"风格化"（Stylize）"查找边缘"，将整个图像的轮廓勾勒出来，如图7-47和图7-48所示。

图 7 - 47　查找边缘

图 7 - 48　滤镜中的查找边缘效果

（5）按 Ctrl + I 进行反向操作，如图 7 - 49 所示。

图 7 - 49

（6）执行"滤镜"（Filter）|"其他"（Other）|"最大化"（Maximum），设置"半径值"（Radius）为"3.0pixels"以增强霓红的效果。

（7）最后得到如图 7 - 51 所示的夜景霓虹效果。滤镜在 Photoshop 中是一个很特别的工具，大家可以多找一些案例加以练习来感受它特殊的炫目效果。

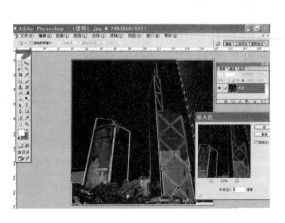

图 7 - 50　滤镜中的最大化效果

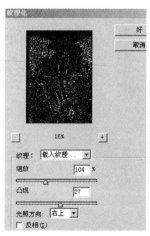

图 7 - 51　最终效果

实验注意事项

不是所有图像模式滤镜都对其有作用。滤镜不能应用于位图模式、索引颜色和 48bit RGB 模式的图像，某些滤镜只对 RGB 模式的图像起作用，如 Brush Strokes（画笔描边）滤镜和 Sketch（素描）滤镜就不能在 CMYK 模式下使用。还有，滤镜只能应用于图层的有色区域，对完全透明的区域没有效果。

实验报告

将课堂实验完成的设计作品"铜版画效果"制作存储为 JPEG 格式文件，发送到教师机。

思考与练习

（1）思考不同的图像调整方法对于不同的色彩模式的要求。

（2）滤镜使用时有哪些需要注意的？

（3）大家尝试用各种滤镜做出不同的效果来。

（4）运用滤镜功能练习设计制作一张由自己想像的卡片。

实验 8 运用 Photoshop 设计特效字

实验目的

特效字在各种广告设计中运用得特别广泛，通过设计特效字来更加熟悉 Photoshop 的各种神奇效果。熟悉 Photoshop 的文字特性，并能自己设计出各种所需文字的特效。

实验预习要点

①字体的安装；②文字图层的转换；③文字的弯曲变形。

实验设备及相关软件(含设备相关功能简介)

微型计算机系统配置包括硬件和软件两部分。

1. 硬件

Win9x/NT/2000/XP，要求内存为 128M 以上，一个 40G 以上硬盘驱动器，真彩彩色显示器。

2. 软件

用 Photoshop 即可。

实验基本理论

8.1 字体的安装

对于 Photoshop 运用得比较熟练的用户来说，使用系统本身的字体是远远不能满足设计要求的。我们可以通过购买字体光盘，或者在网络上下载字体等各种方式，使 Windows 系统安装更多的字体。方法有：

第一种：打开字体光盘，复制光盘里面或下载来的字体文件比如 ，然后粘贴到系统中的字体文件夹。系统中的字体文件夹：在 Windows 系统中打开控制面板，然后从控制面板中就能看到字体文件夹 。

第二种：Photoshop 还可以使用本地安装时的默认文件夹(C：/program files/common files/Adobe/Fonts)中的字体文件。如果字体安装在本地字体文件夹中，则该字体只出现在 Adobe 运用程序中。

8.2　文字图层的转换

当你输入完文字后，你可以对文字图层进行一定的修改和转换，方法是：执行菜单图层→文字命令。这时弹出一个下拉菜单。

1．将文字转换为路径

选中输入的文字字符，执行菜单"图层→文字→创建工作路径"，在图像上的文字边缘会加上路径，在路径控制面板会自动建立一个工作路径。

2．将文字转换为形状

将文字转换为形状，选中文字图层，执行菜单"图层→文字→转换为形状"。我们可以用路径选择工具对文字路径进行调节，但是该图层里面的文字已经失去了文字的一般属性，所以无法对该图层中的文字字符进行编辑。

3．将文字图层转换为普通图层

在文字状态下，有些命令和工具不可以使用，必须在应用命令或使用工具之前栅格化文字。栅格化就意味着将文字图层转换为普通图层，并使其内容成为不可编辑的文本。方法是：执行菜单"图层→栅格化→文字"，或者执行菜单"图层→栅格化→图层"。

8.3　文字的弯曲变形

文字弯曲变形可以对文字图层进行弯曲变形来适应各种形状。先选取要变形的文字图层，执行菜单"图层→文字→文字变形"，或者直接单击工具选项栏中的 ![图标] 图标，此时可以调出文字弯曲对话框，如图 8－1 所示。

图 8－1　文字变形对话框

实验内容与步骤

1．银色金属字

（1）打开软件 Photoshop7.0。

（2）执行文件菜单下的"新建"命令，新建一个名为"Sample 1"的自定义文件，大小为 500×300（像素），分辨率为 72（像素/英寸），背景颜色为白色，见图 8－2。

（3）从工具箱中选择"横排文字工具" ![T]，在"图像活动编辑区"内输入"银色金属"三个字，文字颜色为黑色，具体大小及摆放位置如图 8－3 所示。执行菜单"图层→栅格化→文字"进行栅格化文字。

（4）在层面板中双击该层，然后在弹出的"图层样式"对话框中选择"投影"选项，并做如图 8－4 所示的设置。

（5）继续在"图层样式"对话框中选择"投影"选项下的"内投影"选项，并做如图 8－5所示的设置。

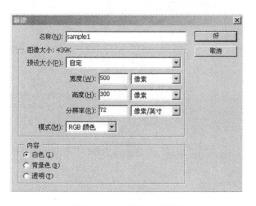

图 8－2　新建对话框

银色金属

图 8－3　栅格化文字

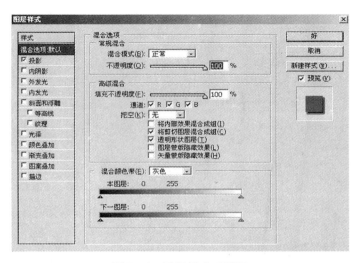

图 8-4　图层样式对话框

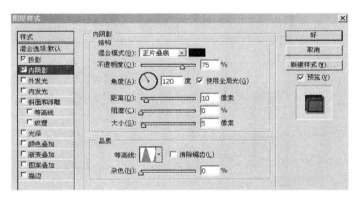

图 8-5　内阴影对话框

（6）继续在"图层样式"对话框中选择"内发光"选项，并做如图 8-6 所示的设置。

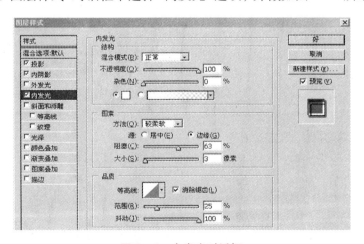

图 8-6　内发光对话框

（7）再选择"图层样式"对话框中的"斜面和浮雕"选项，并做如图 8-7 所示的设置。

（8）选择"图层样式"对话框中的"渐变叠加"选项，并做如图 8-8 所示的设置，其中"渐变"项由黑白两色设置而成。

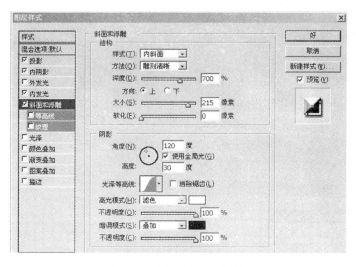

图 8-7 斜面和浮雕对话框

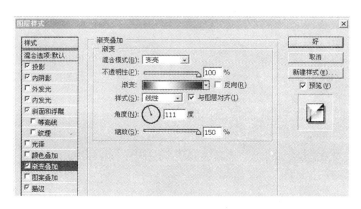

图 8-8 渐变叠加对话框

（9）选择"图层样式"对话框中的"描边"选项，并做如图 8-9 所示的设置，当然可以根据实际情况，适当调整"尺寸"的大小。

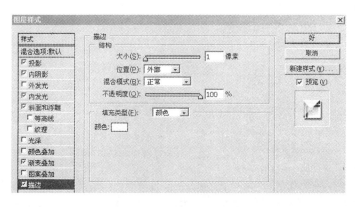

图 8-9 描边对话框

（10）做好前面的所有设置之后，按"好"按钮，退出"图层样式"对话框，此时就会在"图像活动编辑区"内见到如图 8-10 所示的效果。

图 8-10　银色金属字效果

2. 盖章字

（1）新建一个名为"Sample 2"的自定义文件，大小为 500×300（像素），分辨率为 72（像素/英寸），背景颜色为白色，见图 8-11。

（2）新建一个名为"文字"的层。然后，从工具箱中选择"文字"工具，在"文字"层上输入"新青年"三个字，该文字所填充的颜色为#FF0000，具体大小及摆放位置如图 8-12 所示。

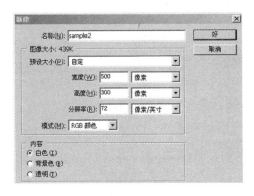

图 8-11　新建对话框

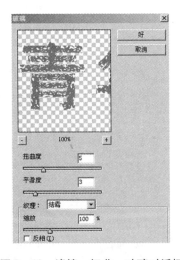

图 8-12　输入文字

（3）在"文字"层上执行菜单"滤镜→扭曲→玻璃"命令，弹出的"玻璃"对话框中具体设置如图 8-13 所示。

（4）接着，在"文字"层上执行"滤镜→画笔描边→喷溅"命令，弹出的"喷溅"对话框中具体设置如图 8-14 所示。

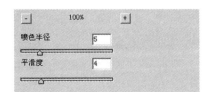

图 8-13　滤镜→扭曲→玻璃对话框

图 8-14　喷溅对话框

（5）点击"选择"菜单中的"色彩范围"选项，用吸管将"文字"层内的白色吸取，点击"好"完成，见图 8-15。

接着，复制"文字"层，将新复制的层命名为"阴影"，并确保该层置于"文字"层之下。然后，用黑色填充"阴影"层上的红色部分。

（6）对"阴影"层执行"滤镜→模糊→高斯模糊"命令，具体参数为：半径 =1.5。

（7）新建一个图层命名"外框"，用矩形选框工具在"新青年"字范围外选出一个外框。然后点击"编辑"菜单，点选"描边"并做出如图 8－16 的设置。

图 8－15　色彩范围对话框

图 8－16　描边对话框

（8）再对"外框"图层进行修饰。执行菜单"滤镜→扭曲→玻璃"命令，弹出的"玻璃"对话框中具体设置如图 8－17 所示。

（9）点击"好"退出，此时就可以看见"图像活动编辑区"内如图 8－18 所示的效果图。

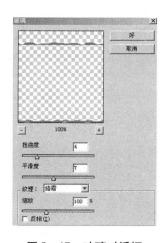

图 8－17　玻璃对话框

图 8－18　"新青年"最终效果

3. 荧光字效果

（1）新建一个名为"Sample 3"的自定义文件，大小为 500×300（像素），分辨率为 72（像素/英寸），背景颜色为白色。

（2）先将背景填充为黑色，再新建一个名为"文字"的层。然后，从工具箱中选择"横排文字"工具，在"文字"层上输入"新青年"三个字，该文字所填充的颜色为 #BFFD01，具体大小及摆放位置如图 8－19 所示。

（3）接着，对文字层进行栅格化，在"图层"面板上双击"文字"层，给图层添加如图 8－

20 所示的"斜面和浮雕"效果,其中"等高线"采用默认设置即可,如图 8 – 20 所示。

(4) 按住"Ctrl"键,单击"文字"层。然后,在"文字"层上新建一个名为"描边"的层。接着,在该层上执行菜单"编辑→描边"命令,其中"颜色"为#FAFC30,具体参数如图 8 – 21 所示。

图 8 – 19　输入文字

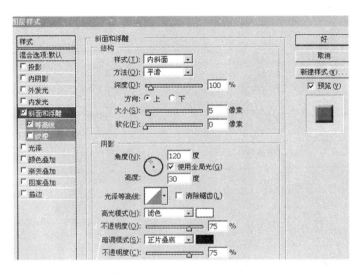

图 8 – 20　图层样式对话框

(5) 按住"Ctrl"键,单击"文字"层。然后,在"描边"层上再新建一个名为"荧光"的层。接着,在该层上执行"编辑→描边"命令,其中"颜色"为#FAFC30,具体参数如图 8 – 22 所示。

图 8 – 21　描边对话框

图 8 – 22　再度描边

(6) 在"荧光"层上执行"滤镜→模糊→高斯模糊"命令,具体参数为:半径 = 2.5。到此就可以看到如图 8 – 23 所示的效果了。

图 8 – 23　荧光字效果

4．水晶字

（1）新建一个名为"Sample 4"的自定义文件，大小为 500×300（像素），分辨率为 72（像素/英寸），背景颜色为白色。

（2）从工具箱中选择"横排文字"工具，在"图像活动编辑区"内输入"新青年"三个字，文字颜色为#0135E5，具体大小及摆放位置如图 8-24 所示。

（3）按住"Ctrl"键，并从"图层"面板中单击该文字层。然后，在文字层上新建一个名为"加强"的层，然后在该层上执行"选择→修改→收缩"命令，并为该选区填充色值为#3562FA的颜色，如图 8-25 所示。

图 8-24　输入文字

图 8-25　收缩选区对话框

（4）按"Ctrl + D"键取消选区。然后，复制"加强"层，并命名为"发光层"。在"发光层"上执行"滤镜→模糊→高斯模糊"命令，其中"半径"值为 5。接着，在"图层"面板内双击"发光"层，并在弹出的"图层样式"面板内做如图 8-26 所示设置。

接着，继续执行菜单"图像→调整→曲线"命令，然后在弹出的"曲线"对话框中，做如图 8-27 所示的设置。

（5）接着，在"图层"面板双击"新青年"文字所在的层，为文字层添加阴影效果，具体设置如图 8-28 所示。

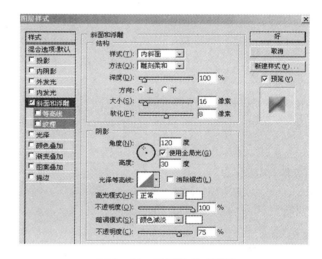

图 8-26　图层样式对话框

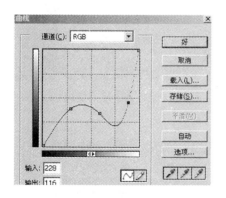

图 8-27　曲线对话框

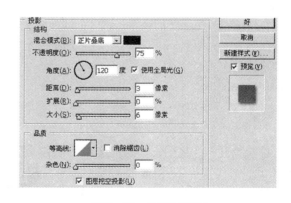

图 8-28　投影对话框

（6）最后，在"图层"面板内将"加强"的图层模式设置为"叠加"，就会见到如图 8-29 所示的效果了。

图 8－29　水晶字效果

图 8－30　输入文字图

5．冰雪字

（1）新建一个名为"Sample 5"的自定义文件，大小为 500×300（像素），分辨率为72（像素/英寸），背景颜色为白色。

（2）从工具箱中选择"横排文字"工具，在"图像活动编辑区"内输入"新青年"三个字，并且给背景运用一个从 #093EF4 到 # FFFFFF 的渐变，效果如图 8－30所示。

（3）栅格化"图层"面板内"新青年"文字图层，然后双击"新青年"层，并在弹出的"图层样式"面板内添加"斜面和浮雕"效果，具体参数如图 8－31 所示。

（4）按住"CONTROL"在"图层"面板上单击"新青年"层。接着，利用"↑"键，将该选区向上移动 5 个像素。之后，执行"Select→Load Selection"命令，具体参数如图 8－32 所示。

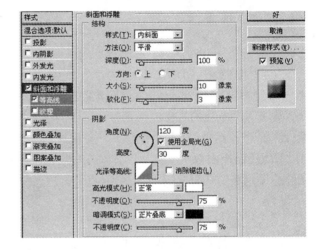

图 8－31　图层样式对话框

（5）在"文字"层上新建一个名为"雪效"的层，然后用白色在该层上填充选区。按"Ctrl +D"键取消选区，执行"滤镜→风格化→扩散"命令，单击"确定"按钮之后效果如图 8－33 所示。

（6）在"雪效"层上执行"编辑→变换→旋转 90 度顺时"命令。接着，执行菜单"滤镜→风格化→起风"命令，具体参数为：风格＝风，方向＝从右。执行"编辑→变换→旋转 90 度逆时"命令之后，就会看到如图 8－34 所示的效果了。

图 8－32　输入选区对话框

（7）新建一个名为"遮罩"的层，该层位于"新青年"层上，而在"雪效"层之下。然后，按住"Ctrl"键，单击"图层"面板上的"新青年"层，在"遮罩"上以白色填充该选区，将该图层模式设置为"叠加"，透明度设置为 50%，如图 8－35 所示。

（8）最后，根据实际情况将"雪效"层向下微调一到两个像素。到此，就完成了本例的全部操作步骤，此时在"图像活动编辑区"内可以看到如图 8－36 所示的效果。

图 8－33　扩散后效果

图 8－34　起风后效果

图 8－35　新建遮罩层

图 8－36　冰雪字的效果

6. 火焰字

（1）新建一个自定义文件，文件大小为 A4，分辨率为 72（像素/英寸），色彩模式为灰度模式，背景色为白色。

（2）将工具箱中的前景色设为默认前景色，使用油漆桶工具选择黑色将画面填充为黑色。

（3）在工具箱中选择"横排文字工具"，前景色切换为白色，在画面中输入"火焰"二字，并将文字调整到合适大小，效果如图 8－37 所示。

（4）执行"编辑"菜单下的"变换""旋转 90 度顺时针"指令，将文字做一个方向旋转，如图 8－38 所示。

图 8－37　文字输入

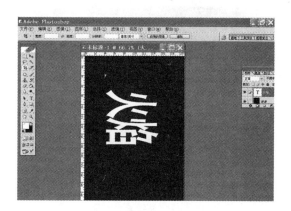

图 8－38　旋转文字

（5）在图层菜单下选择"栅格化文字"后，在滤镜菜单中选择"风格化""风"的指令，需要注意的是，我们在滤镜的对话框中选择的方法是"风"，方向是"从左"开始，如图 8－39 所示。

（6）按照同样的方法执行"风"的滤镜三次以后，将文字"旋转 90 度逆时针"，就会看到如图 8－40 所示的文字效果了。

图 8-39　风的滤镜对话框

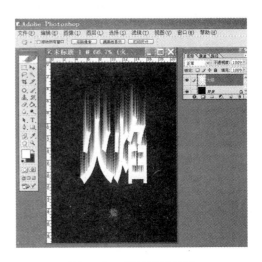

图 8-40　风的滤镜效果

（7）可以在此基础上，在滤镜当中选择"扭曲""波纹"的指令，"波纹"的大小方式选择"小"就可以，让文字产生一些扭曲的效果，以加强动感，如图 8-41 所示。

（8）在"图像"菜单的模式当中，将文件转换为"索引颜色"模式，并选择"拼合图层"，如图 8-42 所示。

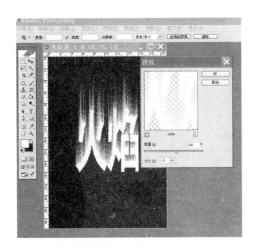

图 8-41　波纹滤镜对话框

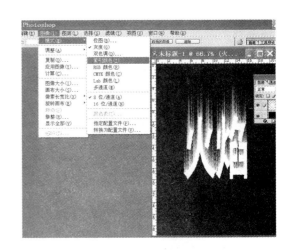

图 8-42　索引色菜单

（9）接着在"图像"菜单中选择"模式：颜色表"，我们需要做的是在"颜色表"的对话框中选取"黑体"显示方式，这样就能看到如图 8-43 所示的字体效果了。

（10）最终"火焰字"的字体效果，如图 8-44 所示。

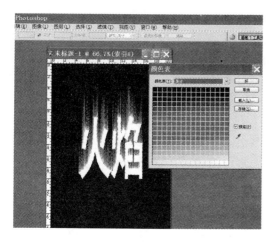

图 8-43 颜色表对话框

图 8-44 火焰字效果

实验注意事项

（1）为了丰富自己的创作设计，系统本身的字体已经远远不能满足需要，所以给系统额外安装字体显得非常有必要。安装更多好的字体可以为你的工作带来更大的便利，可以丰富你的设计。

（2）对文字图层进行各种操作的时候，常会遇到不能操作的情况，这时需要把文字图层转换为普通图层。栅格化图层就是将文字图层转换为普通图层。

（3）进行文字特效创作时，可以多多尝试图层样式、图层模式、滤镜等各种特效下的变换效果。

（4）对各个图层进行一些效果等方面的处理时，需要注意图层之间的顺序，不同的图层顺序其效果显示会不一样。

实验常见问题与操作技巧解答

（1）文字图层有哪些？

答：文字图层其实分两种：一种是适合用在少量标题文字的"点文字"图层，这种文字图层不具有自动换行的功能；另一种是段落文字图层，这种文字图层适合在有大量文字的场合中，具有自动换行的功能。

（2）文字选取工具的作用是什么？

答：文字选取范围不具有文字的属性，因此由文字蒙版转换为选取范围之后，就再无法以编辑文字的方法编辑，图层面板中也没有新的文字图层出现，另外我们使用文字工具输入文字后，按住 Ctrl 键，用鼠标在图层面板上单击文字图层，也就可载入文字选取范围。

实验报告

将课堂实验完成的设计作品"银色金属字"、"盖章字"、"荧光字"、"水晶字"、"冰雪字"存储为 JPEG 格式发送到教师机。

思考与练习

（1）安装字体的方式有哪些？

（2）运用各种文字工具进行变形创作。

实验 9　Coreldraw 图形创建工具运用

实验目的

本实验是针对 Coreldraw 软件图形工具的使用来展开的，通过实验要求学生了解 Coreldraw 图形工具的基本概念，对图形工具的具体使用操作有详细的了解，重点掌握手绘工具的使用。

实验预习要点

①文件的新建、打开与存储；②工具菜单命令；③选择工具；④矩形工具；⑤椭圆工具；⑥多边形工具。

实验设备及相关软件(含设备相关功能简介)

1. 运行环境

Win9x/NT/2000/XP，要求内存为 128M 以上，一个 40G 以上硬盘驱动器，真彩彩色显示器。

2. 软件

用 Coreldraw 即可。

实验基本理论

9.1　关于 Coreldraw

Coreldraw 软件是在广告设计中应用范围最广的一个软件，稳定而又灵活，功能强大，可以很方便地创建和修改矢量图形，也可以对点阵图进行修改，对文字的编排更是其他软件难以企及的。我们可以通过它方便地制作报纸、杂志、海报、卡片、网页甚至动画。

Coreldraw 软件的特点有如下几点：

（1）功能强大。Coreldraw 不只是一套单一的软件，它是一套组件，包含 Coreldraw、Photopaint、CorelTrace、CorelRave、CorelTexture 等多套软件。

（2）完全个性化的界面。不管是菜单栏、工具栏还是属性栏，都可以根据个人喜好进行设置，操作起来非常方便。

（3）应用范围广泛，无论是广告设计、图形处理、书刊编排、工业设计还是网页设计、网页动画，它都可以应用自如，是一套完美的设计软件。

（4）深受业界人士喜欢，用 Coreldraw 设计制作出来的作品，无论是印刷出片还是打印输出，都有相关配套设施的支持，没有后顾之忧。

9.2　Coreldraw 的界面介绍

Coreldraw 的界面非常友好，使用方便，打开 Coreldraw，呈现出来的桌面包括标题栏、菜单栏、属性栏、绘图页面、工作面板、工具栏、状态栏、调色板、导航器等，见图 9－1 所示。

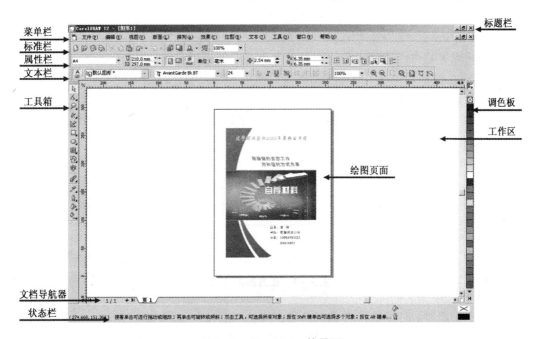

图 9－1　Coreldraw 的界面

9.3　图形创建工具类型

1. 基本形状工具

Coreldraw 的版本很多，从 Coreldraw 一直到 Coreldraw 12，功能都在不断地增强。例如，Coreldraw 12 在其"工具箱"中提供了一些用于绘制几何图形的工具以及为用户提供了用草图工具来绘画的功能，使绘画功能开始变得简单起来。只要随意地绘画想像中的形状，这些形状将被转换成基本的形状。这个聪明的绘画工具能最大化地认知和平滑你想要的形状，见图 9－2。

图 9－2　基本形状工具

（1）矩形工具 包括矩形工具与三点矩形工具，使用"矩形工具"可以绘制出矩形和正方形、圆角矩形，见图 9－3。

图 9 - 3　矩形工具的不同表现形式

具体操作方法和步骤：

在工具箱中选择 ⬛，鼠标指针变成 ⌐□；

将鼠标移到页面中间，按下鼠标左键并拖动，释放鼠标左键后，就可以画出你想要的矩形。

操作技巧：

● 双击矩形工具可以绘制出与绘图页面大小一样的矩形。

● 按下 Shift 键拖动鼠标，即可绘制出以鼠标单击点为中心的图形；按住 Ctrl 键拖动鼠标绘制正方形，如图 9 - 4 所示；

● 按下 Ctrl + Shift 键后拖动鼠标，则可绘制出以鼠标单击点为中心的正方形。

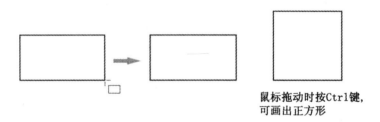

鼠标拖动时按Ctrl键，可画出正方形

图 9 - 4　正方形的绘制

圆角矩形的绘制，具体操作方式有两种：

绘制出矩形后，在工具箱中选中 ✎ "形状工具"，点选矩形边角上的一个节点并按住左键拖动，矩形将变成有弧度的圆角矩形，如图 9 - 5 所示。在四个节点均被选中的情况下，拖动其中一点可以使其成为圆角矩形。

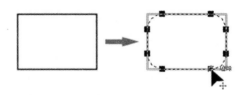

图 9 - 5　圆角矩形的绘制

使用"矩形工具"绘制矩形、正方形、圆角矩形后，在属性栏中则显示出该图形对象的属性参数，通过改变属性栏中的相关参数设置，可以精确地创建矩形或正方形，如图 9 - 6 所示。

在 ▦ 框中设置对矩形四角圆滑的数值，当 🔒 被按下时，则全部角被圆滑。反之则只圆滑设置数值的角。

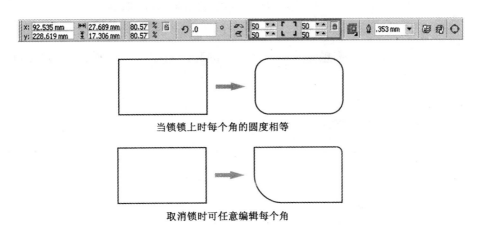

当锁锁上时每个角的圆度相等

取消锁时可任意编辑每个角

图 9 - 6　通过属性栏设置圆角矩形

　三点矩形工具

三点矩形工具主要是为精确勾图与绘制一些比较精密的图准备的(比如工程图等),它是矩形工具的延伸工具,能绘制出有倾斜角度的矩形。操作方法:

①在工具栏中选择三点矩形工具;

②在工作页面中按住鼠标左键并拖动,此时两点间会出现一条直线。

③释放鼠标后移动鼠标的位置,确定第二点,然后再拖动鼠标到第三点上单击,就可完成一个任意起始点或任意倾斜角度矩形的绘制,如图 9 - 7。

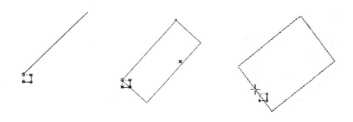

图 9 - 7　三点矩形的绘制

(2) 椭圆工具 　包括椭圆与三点椭圆工具 使用"椭圆工具"可以绘制出椭圆、圆、饼形和圆弧,如图 9 - 8 所示。

具体操作方法和步骤:

在工具箱中选择 ,鼠标指针变成 ;

将鼠标移到页面中间,按下鼠标左键并拖动,释放鼠标左键后,就可以画出你想要的圆形。

操作技巧:

● 按下 Shift 键拖动鼠标,即可绘制出以鼠标单击点为中心的图形;按住 Ctrl 键拖动鼠标可以绘制正圆形;

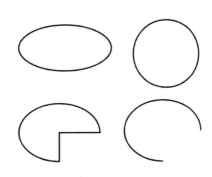

图 9 - 8　椭圆工具绘制的各种图形

● 按下 Ctrl + Shift 键后拖动鼠标,则可绘制出以鼠标单击点为中心的正方形。

饼形和圆弧的绘制方法有两种。第一种是精确的绘制，方法如下：

先在工作页面上画一个圆形或椭圆；选取这个圆形或椭圆，单击属性栏中的 和 按钮；在 中设定你想要的饼形和弧形的起始角度和终止角度，就可以画出你想要的图形，如图9－9所示。

图9－9　椭圆工具的属性栏

第二种是比较粗略的方式，但很简单，具体操作步骤如下：

①在工具栏中选择形状工具 ，选取要修改的圆形；这时可以看见圆形上有一个可移动的点叫节点；

②将鼠标光标移到节点上，向圆内拖动节点，可画出饼形，向外拖动节点，可以画出弧形，如图9－10所示。

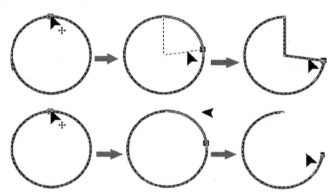

图9－10　饼形和弧形的绘制

三点椭圆工具 与前面的三点矩形工具的用法相同，如图9－11所示。

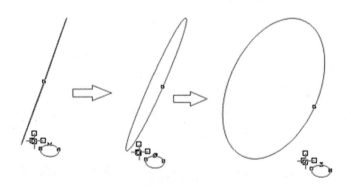

图9－11　三点椭圆的绘制

（3）图纸工具、多边形工具、螺旋形工具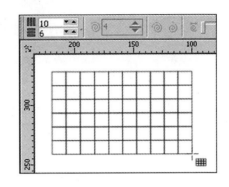

▦ 图纸工具：主要用于绘制网格，在底纹绘制、VI 设计时特别有用，也可以用来制作表格。只要在工具箱中选中"图纸工具"，然后在"属性栏"中设置网格的行数与列数，并绘制出网格，如图 9－12 所示。

操作技巧：

● 按住 Ctrl 键拖动鼠标可绘制出正方形边界的网格（边界内的网格数则根据用户设定的纵、横向的网格数值，分别平均划分）；按住 Shift 键拖动鼠标，即可绘制出以鼠标单击点为中心的网格。

图 9－12 网格的绘制

而按住 Ctrl + Shift 键后拖动鼠标，则可绘制出以鼠标单击点为中心的正方形边界的网格。

● 网格实际上是由若干个矩形组成，我们可以利用"排列"菜单里的"取消组合"（Ctrl + U）命令来打散它们，采用这种方法，无论多么复杂的表格都可以制作。

◇ 多边形工具：使用"多边形工具"可以绘制出多边形、星形和多边星形。选中"多边形工具"后，在属性栏中进行设置后即可开始绘制多边形或星形，如图 9－13 所示。

图 9－13 多边形工具的属性栏

① 基础星形（如图 9－14）。

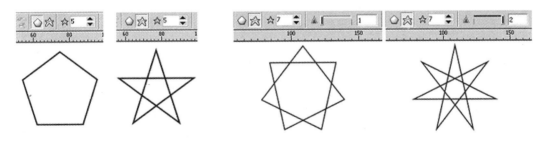

图 9－14 多边形和星形的设置

② 对多边形进行对称变形处理。通过对多边形的节点进行自由移动，可以画出形状各异的多边形，如图 9－15 所示。具体方法是：选择一个已经绘制好的对象，在工具栏中选择"变形工具"，然后将光标移动到多边形对象的某个控制点上，改变一个控制点时，其余控制点也发生变化。

◎ 螺旋形工具：螺旋线是一种特殊的曲线。利用螺旋线工具可以绘制两种螺旋纹：对称式螺纹和对数式螺纹，如图 9－16 所示。对称螺旋是对数螺旋的一种特例，当对数螺旋的扩张速度为 1 时，就变成了对称螺旋（即螺旋线的间距相等）。螺旋的扩张速度越大，相同半径内的螺旋圈数就会越少。

117

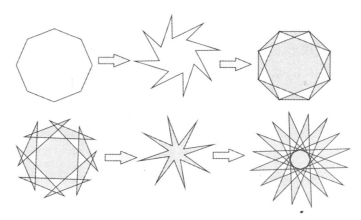

图 9 – 15　多边形的变形处理

图 9 – 16　对称式和对数式螺旋线

（4）基本形状工具组

基本形状工具组是为了方便用户而设计的，它提供了五组几十个常用的图形选项，如箭头、星形、插图框和流程框，在需要时，只需点一下鼠标就可以得到，不再需要自己费时地描画。具体使用时需先选择基本形状工具，再在属性栏上选择需要的图形就可以了。

①基本形状 下图是属性栏中 Coreldraw 软件设定的形状，设计时可以直接选用。

②箭头形状 下图是箭头形状属性栏中 Coreldraw 软件已有的箭头形状，可以根据需要直接选用合适的箭头。

③流程图形状 下图是流程图形状属性栏中 Coreldraw 软件的各种流程图框架的样式，可以根据需要直接选用合适的形状。

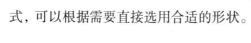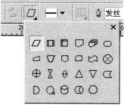

④星形 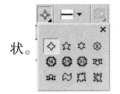 一般可用来装饰画面、突出某一对象，如 POP 中价格的标示常用爆炸式的星形。下图是星形属性栏中设置的各种星形样式，可以根据需要直接选用合适的形状。

⑤标注形状 标注形状主要用于对图片的注释、平面图中对材料及工艺的说明、人物对话文字等。右图是标注形状属性栏中的现有形状。

2. 曲线形状工具

Coreldraw 在其工具箱中也提供了一些用于绘制线段及曲线的工具。

（1）智能绘图工具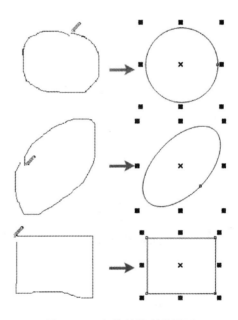

这是 Coreldraw 的一个新增功能，这个聪明的绘画工具能最大化地认知和识别你手绘的线条，并使它变得平滑，接近你所想表达的对象，使绘画变得更加容易。也就是说即使你在描绘形象时，外形画得不是很准确，智能绘图工具也可以将它变得比较准确。

（2）手绘工具组

①手绘工具   手绘工具实际上就是使用鼠标在绘图页面上直接绘制直线或曲线的一种工具。它的使用方法非常简单，在以后的实例中会讲到，见图9－18。

图9－17   智能笔绘制的图形

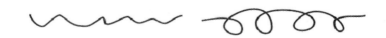

图9－18   手绘工具绘制的线形

手绘工具除了绘制简单的直线（或曲线）外，还可以配合其属性栏的设置，绘制出各种粗细、线型的直线（或曲线）以及箭头符号，如图9－19 所示。

图9－19   线型的设置

在 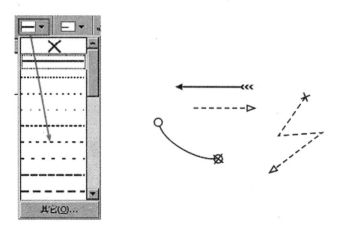 下拉列选栏中设置起点箭头类型、线段类型及终点箭头类型，如图9–20所示。

图9–20　不同的线型和箭头类型

手绘线条的形式和宽度的设置，除了在属性栏中可以设置外，在工具栏中还有专门的轮廓工具 ，这是一个工具组，点击每一个按钮，都会有相应的对话框弹出，可以进行与轮廓线相关的设置，可以设置不同的线型、线宽和线的颜色，如图9–21所示。

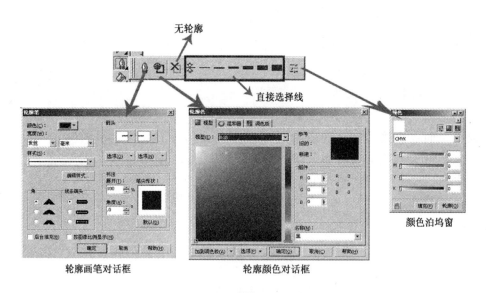

轮廓画笔对话框　　　　轮廓颜色对话框

图9–21　轮廓线色彩的设置

操作技巧：

◆按住 Ctrl 键不放，可以水平地绘制直线或呈一定增量角度（系统默认15度）地倾斜绘制直线。

②贝塞尔工具 　贝塞尔工具主要用来画图，使用贝塞尔工具可以比较精确地绘制直线和圆滑的曲线。贝塞尔工具是通过改变节点控制点的位置来控制及调整曲线的弯曲程度。

③艺术笔工具 　艺术笔非常神奇，可以通过属性栏设置各种笔起笔落时笔触的形状、

图 9 – 22　贝塞尔工具绘制的直线和曲线

样式，并通过设置笔触的宽度、平滑度和起笔时的角度来进行调整其形式。除此之外，艺术笔工具还提供了各种艺术笔 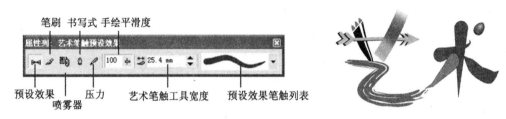，有笔刷、喷雾器、书写式和压力，如图 9 – 23 所示。

图 9 – 23　艺术笔工具

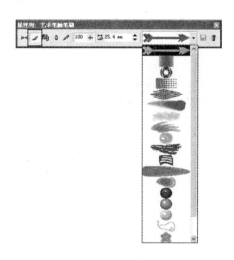

　　各种艺术笔刷都有相应的属性可以设置，如图 9 – 24 所示。在属性栏里，如果选择预设效果，后面的预设效果列表中会出现各种起笔落笔形式和压力不同的笔触（如图 9 – 25）；如果选择笔刷、喷雾器，后面对应的笔刷列表中有很多形式各样的笔刷和形式多样的图案供我们选择，另外，软件中预设的图形还可以更换颜色，分离后可以随意移动变换大小、次序和色彩，使用起来非常方便，如图 9 – 26 所示。

　　④钢笔工具　钢笔工具贝塞尔工具和用法一样，在 Coreldraw 中它新增了预览模式、自动增加（删除）节点，使用者绘图时会更加得心应手。

图 9 – 24　艺术笔的各种样式

　　具体操作方法：

　　先选择钢笔工具，在工作区域按下鼠标左键，确定一点后立即松开鼠标左键，将光标移动到需要的位置，再按下鼠标左键，就可以画出直线，继续按此法画下去，使起点和终点连接闭合，就可以填上颜色。如果在按下鼠标的同时拖动鼠标，画出的就是曲线，此时节点两端会出现两个可调节柄，拖动柄可任意调整曲线的弧度，如图 9 – 27 所示。

　　操作技巧：当线条由曲线向直线转换时，只需双击节点，将一个柄去掉，就可以画直线了，或者画完后用形状工具将节点转换为尖凸节点。

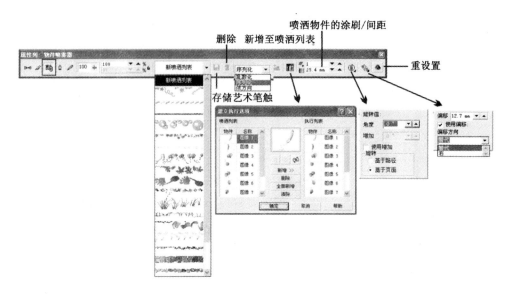

图 9 – 25   喷雾器的样式和属性栏设置

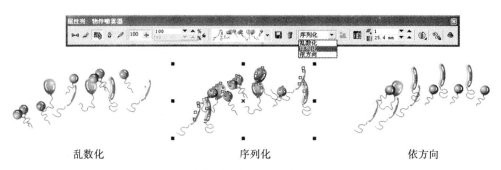

乱数化   序列化   依方向

图 9 – 26   喷雾器喷出的图案的排列组合方式

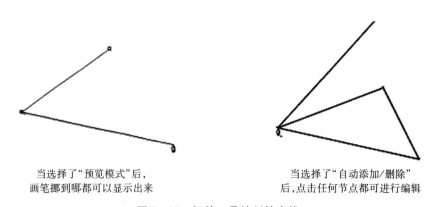

当选择了"预览模式"后,   当选择了"自动添加/删除"
画笔挪到哪都可以显示出来   后,点击任何节点都可进行编辑

图 9 – 27   钢笔工具绘制的直线

⑤多点线工具 **A.**   这个工具可以自由地绘制直线和曲线,双击鼠标左键可结束此次操作,并同时使线条变得平滑,自动形成节点,如图 9 – 28 所示。

⑥ 3 点线工具

这是 CorelDraw 新增的绘图工具,它能根据定义两点间的角度、距离及圆的半径准确地

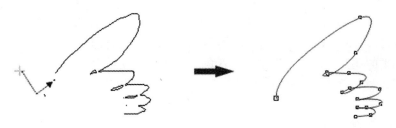

图 9 – 28   多点线绘制的曲线

画出弧形。具体操作方法是先选取 3 点线工具，在工作区域按下鼠标左键拖动一定距离，再松开鼠标，然后根据自己的需要向任意方向拖动鼠标，达到要求后点击鼠标，就可以画出弧线，如图 9 – 29 所示。

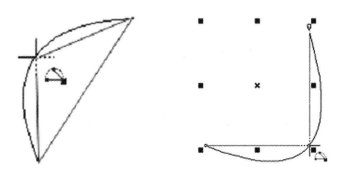

图 9 – 29   3 点线工具绘制的弧线

⑦互交式连线工具 它主要用来制作流程图，连接两个或两个以上的元素，传达一种流程关系，其属性栏上有两种连线类型——直线和折线，可以设定线宽、线型和线的起止点的形式，如箭头、原点等，用户可以非常方便地使用折线来连接对象，如图 9 – 30 所示。

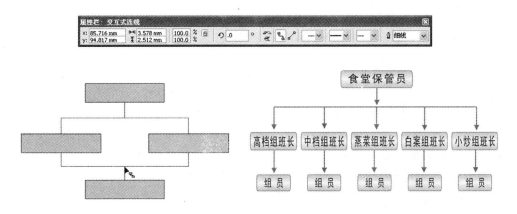

图 9 – 30   互交式连线工具制作的流程图

操作技巧：在使用 工具时，绘制出来的折线上带有很多节点，选择形状工具 ，用鼠标光标拖动这些节点可以改变所绘折线的形状和长短。

⑧度量工具 这是一个尺寸工具，主要用来度量并自动标示距离、角度的具体尺寸，在添加标注和尺寸的过程中，标注线的长度、位置都是动态更新的，尺寸单位也可以根据需要进行设定，此外，标注线和尺寸还可以附着到图形上，随着图形大小的改变而改变。无论线段是直的、平的还是斜的，无论锐角、直角还是钝角，都可以使用度量工具。图9-31 所示是度量工具属性栏中不同的度量尺工具，这些工具可以相互切换。

由此依次分别是自动尺、垂直尺、水平尺、倾斜尺、标注、角度尺工具

图9-31 度量工具的类型

具体操作方法：

例如，对一个三角形的边长和角度进行标注。

①先用绘图工具画一个三角形。

②在工具栏中选择度量工具，在属性栏中按下倾斜尺度工具。

③在具体测量线段的一个端点处单击鼠标，将鼠标拖动到另一个端点后再单击，并往线段垂直方向拖动，这时出现一条标注线，将光标移到标注线中间，击鼠标左键，出现尺寸数字。

④按同样的方法量出另外两条边的尺寸。

⑤对角度进行度量，选择度量工具，在属性栏中选择角度尺工具，在需要度量的角的端点上单击鼠标，沿着角的一条边拖动鼠标，再单击鼠标，将鼠标移到角的另一条边上时，单击鼠标，拖动一下再单击鼠标，就出现了角度的大小，如图9-32 所示。

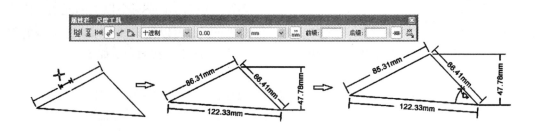

图9-32 度量的方法

操作技巧：在标注数据时，文字的字体字号可能太大或太小，这时可通过文本工具属性栏直接进行调整。如果数据或标注线的位置不理想，可以进行调整和移动，方法是先选择调整对象，再选择排列菜单(A)/拆分，拆分后便可以移动到合适的位置，如果标注线不标准，则可以选择排列菜单(A)/取消组合，然后对它进行调整。

3. 轮廓和填充

Coreldraw 软件中关于轮廓和填充的方式很多，结合色盘使用非常方便。我们说 Coreldraw 是一个人性化很强的软件，可以先选择要填充的对象，再点击你要填充的颜色，就可以完成填充。此外，在工具栏中，轮廓工具、填充工具、吸管工具和交互式填充工具都可用来填充颜色。

（1）填充工具

填充工具是一个工具组，主要是对图形填充颜色、渐变、图案或纹理，如图9-33所示。

填充颜色对话框　渐变填充　　　PostScript填充对话框

图案填充对话框　纹理填充对话框　无填充

颜色泊坞窗

图9-33　填充工具组

①填充颜色对话框 　通过填充颜色对话框可以用来设置和定义自己需要的颜色，用鼠标选择需要填色的对象，然后选择 ，弹出一个对话框，我们发现里面有三种选择方式：模型、混和器、调色板，可以根据自己的需要选择不同的色彩和模式，具体的设置见图9-34。

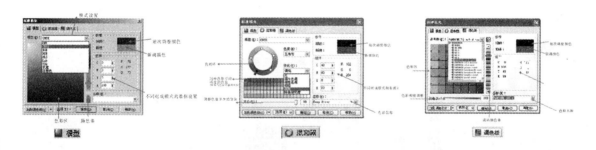

图9-34　颜色填充对话框

②渐变填充　虽然大多数情况下，我们只需要给予图形单一的颜色，但为了作品更有深度，更真实，让图形能千变万化，Coreldraw 软件还设计了渐变填充工具，可以进行单色渐变、双色渐变和多色渐变。

具体操作方法是用鼠标选中对象，在工具栏中选择渐变填充工具 ，在弹出的对话框中，根据实际需要填充双色或多色渐变、调整角度、边界距离。图9-35是双色渐变的对话框，图9-36是多色渐变的对话框，从图中可以看出，二者有一些区别，双色渐变只能选择两种颜色，之间的过渡状况通过移动中间滑块来调整，并且，在色相环中的两个颜色可以产生三种渐变结果：一是色环中两个颜色直接渐变；二是色环中这两个色按顺时针方向渐变；三是按逆时针方向渐变，见图9-37。

多色自定义渐变则主要通过色条上面的可移动滑块添加和删除颜色，如果需要色彩渐变的位置特别准确，可通过确定位置的百分比来实现。

由"渐变填充"的对话框可见，对图形填充有线型、射线、圆锥、方角四种类型，如图9-38所示。

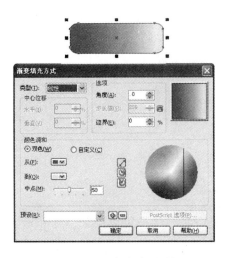

图 9 – 35　双色渐变对话框　　　　　　　图 9 – 36　自定义渐变对话框

同样两种颜色的三种不同的渐变结果

图 9 – 37　双色渐变的三种不同效果

图 9 – 38　不同形式的渐变

④图案填充　图案填充有三种方式：双色、全色和位图，具体填充形式的对话框如图 9 – 39 所示。除双色填充可以改变图案的颜色外，全色和位图都不能改变图案的颜色，只能改变图案排列的大小、倾斜角度和排列方式。

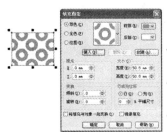 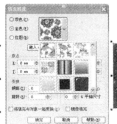 

图 9 – 39　图案填充对话框

⑤纹理填充　纹理填充主要选用底纹库里的样本，每个样本库里都有很多底纹，从底纹列表中可以显示并在预览框中进行预览，选择适合的纹理进行填充。对填充的纹理，我们可

以在对话框右侧的样式名称中进行更改,如色彩、亮度、密度、光的强度等都可通过具体的数字进行设置,十分方便,具体情况见图9-40。

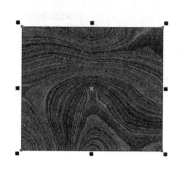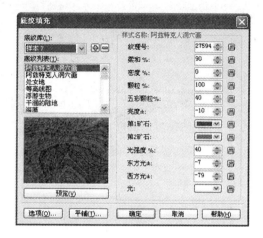

图9-40　纹理填充对话框

⑥PostScript 填充　PostScript 填充可以改变填充花纹的密度、明度等设置,但不能改变其色彩,并且所选图案要通过预览填充才能在对话框中显现,如图9-41 所示。

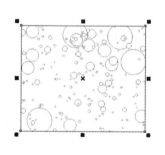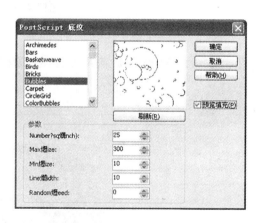

图9-41　PostScript 填充对话框

操作技巧:色彩的填充可直接结合颜色色盘来实现,色盘在"窗口"菜单下有一个调色板的选项,里面有软件自带的颜色色盘,如图9-42 所示。点选对象后直接用鼠标左键单击需要的颜色就可以填充颜色,点击右键可填充轮廓。用鼠标左键选择色盘上的不填充图标 ⊠,可去掉已填充的颜色,用右键点击 ⊠,则不能填充轮廓。

(2) 交互式填充工具组

交互式填充工具也是一个组合工具,分交互式填充工具和交互式网格填充工具。

①交互式填充 　用这一工具进行填充,功能与填充工具组基本一样,但不是通过对话框实现,而是通过属性栏进行设置,如图9-43 所示。

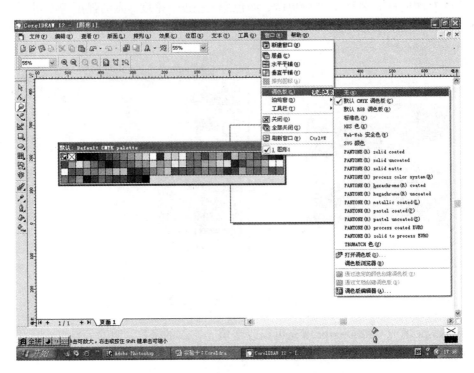

图 9－42　窗口菜单中色盘的设置

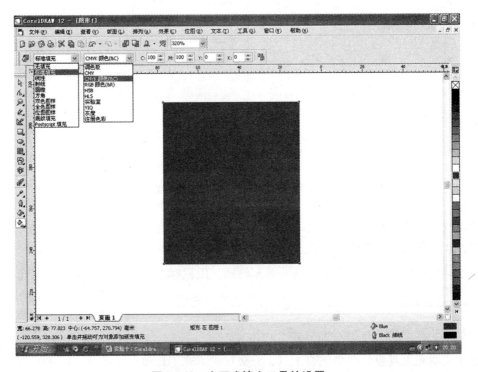

图 9－43　交互式填充工具的设置

② 交互式网格填充 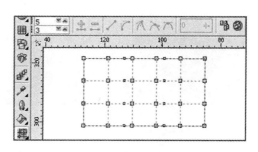 通常对于一个对象进行色彩填充，都是平面的，只能是单一的颜色、图案或者从一种颜色渐变到其他颜色，很难在填充时使对象实现立体化，而交互式网格工具却能实现。它主要是通过将对象划分成网格状，分格进行填充，在填充的同时，可通过属性栏对网格进行添加、删减和变形处理来实现立体化和真实化，如图 9 – 44 所示。

图 9 – 44 网格填充设置

例如，画一朵郁金香，其具体操作方法和步骤如下（图 9 – 45）：

① 用钢笔或贝塞尔曲线工具画出郁金香的外形。

② 选取 工具，将花瓣分成纵 11 格、横 7 格。

③ 用鼠标选一种需要填色的网格，选取花瓣中下部分，在色盘上点击大红（M100Y100）色，此时花瓣变成由红色渐变到白色，再选取花瓣顶部，在色盘上选取粉红色（M20Y20），花瓣变得由红色向粉红渐变，非常自然。

④ 用同样的方法为花托、茎和叶填上颜色，使其变得立体、真实。

⑤注意：采用网格填充时要把握好物体的受光和背光部分色彩的差别，通过色彩的明度、对比度、前后色彩关系以及透视关系，在视觉上形成立体真实的感觉。

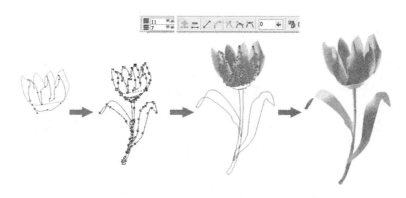

图 9 – 45 利用网格填充的具体方法

实验内容与步骤

卡通人物的绘制

看看这个溜冰的小熊（图 9 – 46），是不是很可爱啊！下面大家就来学习如何制作吧，只需要短短的 10 分钟，你将会拥有一个自己的小熊，大家加油噢！

在绘制的过程中我们会用到 手绘工具、 填充工具以及排列菜单/修整子菜单中的焊接、修剪、相交。

（1）先用手绘工具色勾出小熊的外形（图 9 – 47）。

（2）看上去乱糟糟的，那是因为中间有很多多余的线条，由于小熊的衣服及皮肤的颜色都不一样，所以我们需要把每一个部分画成一个单独的形状，以便于颜色的填充。

图 9 – 46　卡通小熊　　　　　　　　　　　图 9 – 47　外形的绘制

　　这时候就要充分利用焊接、修剪、相交工具来完成了，选取排列/修整菜单命令，或者选取窗口/泊坞窗/休整，再选择焊接、修剪、相交选项，就可以成功了（图 9 – 48）。

图 9 – 48　外形的调整

　　（3）用前面的方法，现在要加上小熊的五官和衣服上的花纹（图 9 – 49）。

　　（4）好了，现在框架已经完成，我们该上色了。这时我们就会用上填充工具了，因为渐变的颜色看起来更真实、真有立体感。

　　①我们先填充肤色，在这里用黄色（Y100）和橙色（M50Y100）进行填充就可以了（如图 9 – 50 所示）。

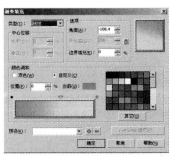

图 9 – 49　细节的绘制　　　　　　　　　　图 9 – 50　上色

②然后再给衣服加上漂亮的色彩(如图9-51)。

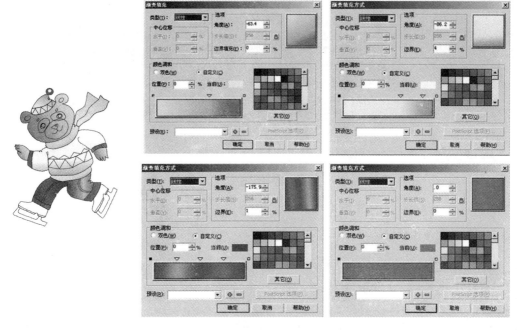

图9-51　衣服颜色的设置

③加油噢，开始画五官了。

五官中眼睛是最关键的，可以分成以下几个步骤(如图9-52)：

黄：Y：20

咖啡：M：40 Y：60 K：20

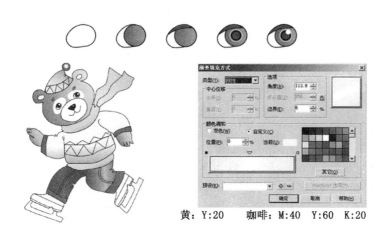

黄：Y：20　　咖啡：M：40　Y：60　K：20

图9-52　眼睛的绘制

④还有帽子、衣服和鞋没有加颜色呢！再接再厉噢！(如图9-53)

红：C：20 M：80

绿：C：40 Y：100

（5）最后，我们给正在滑冰的小熊脚下加一点冰雪，可爱的熊就制作完成了，如图 9 - 54 所示。

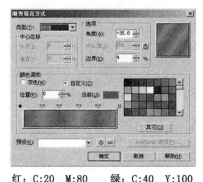

红：C:20   M:80   绿：C:40   Y:100

图 9 - 53　鞋、帽颜色的填充

图 9 - 54　完工后的小熊

是不是很简单？开始你的创作吧！

实验注意事项

（1）给文件取名并存盘，及时存盘是一个会电脑设计的人必须养成的良好习惯，也是避免重复劳动的最好方法。

（2）对复杂物体的绘制先要做到心中有数，用绘图工具画出的图形，只有在封闭的情况下才能填充颜色，绘制时可以先不用那么准确，等画完后用形状工具进行调整。

（3）有多项封闭线段组合的图形，要注意前后的关系，可用排列菜单或者图层来解决这个问题。

（4）在组合物体时，无论是焊接、剪切还是相交，都要注意两个修剪物体之间的关系以及修剪后颜色的设置。

（5）注意细节的表达。

实验常见问题与操作技巧解答

（1）在操作过程中如何将轮廓线快速调整到位？

答：选择形状工具，选中要调整部位的接点，结合形状工具属性栏进行调整，用鼠标双击节点，可以将调好部分的手柄去掉，只调整另一个手柄，就能很快调整到位。

（2）操作过程中怎样把球体画得更真实？

答：把球体画得真实一些可以采用两种方法：一种是采用交互式调和工具，先画出一大一小两个正圆，小圆填上高光的颜色，正圆填上暗部的颜色，选择交互式调和工具，选中小圆上的节点，向大圆拖动，松开就可以了。要想更真实，就将属性栏上的步数设定为 20 步以上。另一种是采用射线渐变，使用自定义模式，左边选反光的颜色，右边选高光的颜色，中间设置暗部的颜色，高光与暗部之间、反光与暗部之间设定过渡色，并调整它们的位置，就可以画得非常真实。

思考与练习

将课堂实验完成的作品"卡通人物的绘制"取名后存为 Coreldraw12 格式，发送到教师机上。

思考与练习

（1）手绘工具组包含有几种绘图工具？各有什么用途？

（2）怎样利用网格工具快速地绘制表格？

（3）做流程图时用什么工具最方便快捷？

（4）利用多边形工具可以画出哪些图形？能画出不规则的图形吗？

（5）利用所学的知识和网格填充画一张静物画。

实验 10 Coreldraw 图形编辑工具运用

实验目的

本实验是针对 Coreldraw 中图形编辑工具的使用来展开，通过实验要求学生了解图形编辑的基本概念，对编辑工具菜单的使用操作有详细的了解，重点掌握利用编辑工具绘制图形，掌握绘制效果以及对选取对象的编辑。

实验预习要点

①图形编辑工具的基本概念；②编辑工具的几种类型；③图层的运用；④插入新对象。

实验设备及相关软件(含设备相关功能简介)

微型计算机系统配置

1. 硬件

PC 系列微型计算机(奔腾及各种兼容机)或苹果机(Mac)，要求内存为 128M 以上，一个 10G 以上硬盘驱动器，真彩彩色显示器。

2. 软件

用 Coreldraw 即可。

实验基本理论

10.1 图形编辑工具的基本概念

Coreldraw 里面的图形编辑工具提供了大量的工具和命令用于处理图形对象。用户可以利用这些工具和命令对图形对象进行变换、编辑、组织和管理，从而创建更好的图形效果。

图形编辑工具有两个明显的特点：

①在 Coreldraw 的图形编辑工具中提供了许多用于几何图形的工具。但是这些工具并不能完全满足我们绘图的需要，这时，我们利用节点(包括尖突节点、平滑节点、对称节点)的编辑工具，能达到我们想要的效果。

②能非常方便、准确地对对象进行旋转、倾斜等操作，而且方法基本相同。

10.2　常用的编辑工具

1. 对象的变换(移动、旋转、镜像、缩放、倾斜)

对象的变换主要是对对象的位置、方向以及大小等方面进行改变操作,而并不改变对象的基本形状及其特征。在 Coreldraw 里能够更加方便、更加精确地实现。

(1) 移动　选择工具栏中的 ![挑选图标] [挑选]工具,选择一个对象时,当鼠标放在物体任何地方时,光标会变为 ✛,这种方法虽然方便、简单,但却不够精确,只适合于大范围的移动。

在选取对象时,按住 Ctrl 键,能使对象只在水平或垂直方向上移动。但这样在一定程度上限制了对象的移动,而且也不十分精确。

不过,Coreldraw 在选取工具的属性栏中早准备了一些包含数字的增量框,通过对这些增量框的设置和调节,能精确地将对象定位在所需的位置上,如图 10 - 1 所示。

图 10 - 1　选择工具的属性栏

设置精确移动的对象的距离增量值的方法很简单,只需在没有选定对象时,在属性栏上的 ![单位:毫米 2.54 mm] (偏移值)增量框中设置相应的值即可。

(2) 旋转　可以通过设置选定对象的旋转角度、定位点及其相对旋转中心等选项,对对象进行旋转操作。用[挑选]工具选择对象,可以在属性栏上的 ![.0] (旋转角度)进行调整,输入旋转角度后,按 Enter 键即可。

也可以双击选定对象,此时对象周围的控制点变成了 ↘旋转控制箭头和 ↔倾斜控制箭头。

对象的旋转是围绕着旋转轴心来进行的,旋转轴心不同,旋转的结果也有很大的差别,如图 10 - 2 所示。

图 10 - 2　旋转轴心的变化

(3) 倾斜　倾斜对象的操作方法和旋转对象的方法基本相同(如图 10 - 3 所示)。倾斜对象只需拖动 ↔[倾斜控制箭头]。

(4) 缩放　对图形对象进行缩放或改变其大小的最简单的方法,还是利用 ![挑选图标] [挑选]工具选中需要缩放或改变大小的对象,然后拖动对象周围的控制点,便可缩放对象。这种方法虽然方便、直接,但精确度却较低。

如果需要比较精确地缩放对象或改变对象的大小,可以利用属性栏中的选项完成。在属性栏上 ![107.385 mr / 79.206 mm] (缩放尺寸)中输入横向、纵向的尺寸值,即可改变对象的尺寸;在

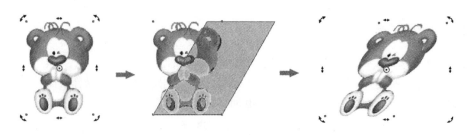

图 10-3 倾斜变形

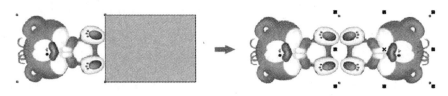 (缩放比例)中输入相应的百分比值,即可按设定的比例来缩放对象。在(缩放比例)右上角有一个 锁按钮,当"闭锁"状态时,对象只能等比缩放;当"开锁"状态时,对象可以不成比例地缩放。

(5)镜像 镜像是将对象在水平或垂直方向上进行翻转。在 Coreldraw12 中,所有的对象都可以做镜像处理。

选中对象后,通过属性栏中的 (镜像按钮)来完成对象的镜像处理。此外,在选中对象后,还可以选中圈选框周围的一个控制点向对角方向拖动,直到出现了蓝色的虚线框,释放鼠标,即可得到镜像翻转的图像,如图 10-4 所示。

图 10-4 水平镜像

2. 对象的撤消、恢复、重复

在对对象进行编辑的过程中,常常会对刚修改的部分不够满意,需要撤消或恢复上一步操作。这就要用到[撤消]、[恢复]和[重复]命令。

(1)要执行[撤消]命令,只需要单击菜单命令[编辑]\[撤消]或按快捷健 Ctrl + Z 即可。

(2)要执行[恢复]命令,只需要单击菜单命令[编辑]\[恢复]或按快捷健 Ctrl + Shift + Z 即可。

还可以通过常用工具栏中的 [撤消]和 [恢复]按钮,来撤消一系列的操作。单击按钮右边的向下箭头,在弹出的列表中将显示最近执行的所有操作,选择其中的某一步操作,则可使对象直接恢复到这一步操作之前的外观。

注意:[撤消]和[恢复]命令,可以撤消或恢复某一步及其之前的的命令操作。但是[打开]、[新建]和[保存]命令不能撤消或恢复。

(3)[重复]命令,如果想对一个或多个对象进行同一操作,使它们获得相同的效果,就可以使用[重复]命令。使用[重复]命令的步骤:

选定需要重复执行上一步操作命令的对象;

单击菜单命令[编辑]时,会发现[重复]命令后面跟随着上一步操作的命令;

单击[重复]命令或按快捷健 Ctrl + R 即可。

3. 对象的复制、剪切、粘贴、删除

使用[复制]、[剪切]和[粘贴]命令，可以利用剪贴板暂存信息的功能，使对象在同一绘图页面内、不同绘图页面之间以及不同文件之间应用。

(1) [复制]命令　使用该命令后，能将选定的对象生成一个副本并存放在剪贴板中，原始对象仍然留在原来的位置。

使用[复制]命令时，先用[选取]工具选定要进行复制的对象，然后单击[编辑]\[复制]命令或按快捷键 Ctrl + C 即可。

用鼠标拖动对象到适当的位置，在释放鼠标之前，单击右键即可完成一个对象的复制。

(2) [剪切]命令　该命令的功能与[复制]命令相似，但是当它将对象放到剪贴板上的同时，原始对象也被删除。

使用[剪切]命令时，先用[选取]工具选定要进行复制的对象，然后单击[编辑]、[剪切]命令或按快捷键 Ctrl + X 即可。

(3) [粘贴]命令　当对象被放到剪贴板上以后，使用该命令可以将它粘贴到指定的位置、其他文件或另一个应用程序中。

使用[粘贴]命令时，先确定要贴入对象的页面，然后单击[编辑]\[粘贴]命令或按快捷键 Ctrl + V 即可。

在常用工具栏上也有 [复制)、 [剪切]和 [粘贴]按钮，使用方法同上。

(4) [删除]命令　在编辑的过程中，对于一些不需要的对象，可以使用该命令将其删除掉。

使用[删除]命令时，只需要选取对象，然后单击[编辑]\[删除]命令或按键盘上的 Delete 键即可。

在编辑菜单中通常可见删除、撤消删除、重复、剪切、复制、粘贴、再制、全选、查找和替换等选项。

10.3　编辑菜单

与其他软件不同的是，Coreldraw 还为我们提供了插入因特网对象、插入条形码、属性管理器等工具，如图 10 - 5 所示。

1. 插入因特网对象

在 Coreldraw 中，预置了许多 Web 页面中常见的一些标准控件。选用这些控件，稍加修改和设置，即可轻松地在自己的 Web 页面中应用，大大地提高了工作效率。

插入这些对象的操作如下：

(1) 单击[编辑]→[插入因特网对象]命令，弹出其子菜单，如图 10 - 6 所示。

(2) 选中 Java applet (Java 的程序)控件，可以在 Web 页面中为 Java 的程序插入一个占位符。

(3) 选中内嵌文件 (嵌入的文件)控件，可以在 Web 页面中为嵌入的文件插入一个占位符。

图 10 - 5　编辑菜单

(4) 简单按钮控件：可以在 Web 页面中指定位置插入一个命令按钮。

(5) 提交按钮控件：可以在 Web 页面中指定位置插入一个提交按钮。

（6）重置按钮控件：可以在 Web 页面中指定位置插入一个复选按钮。

（7）单选按钮控件：可以在 Web 页面中指定位置插入一个单选按钮。

（8）复选框控件：可以在 Web 页面中指定位置插入一个复选按钮。

（9）文本编辑区控件：可以在 Web 页面中指定位置插入一个文本编辑区。

（10）文本编辑框控件：可以在 Web 页面中指定位置插入一个文本编辑框。

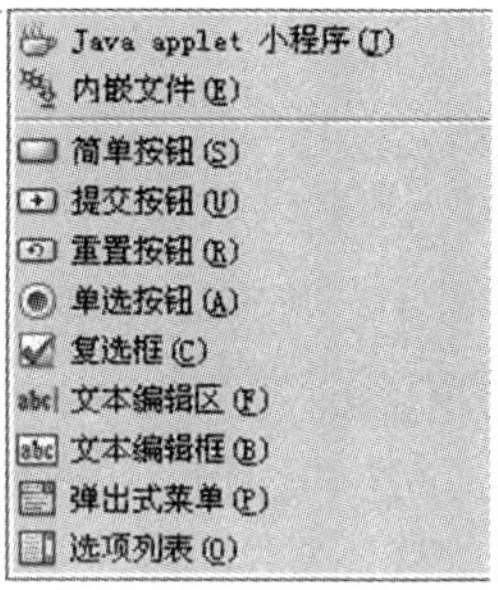

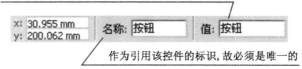

图 10 - 6　插入因特网对象子菜单

（11）弹出式菜单控件：可以在 Web 页面中指定位置插入一个弹出式菜单。

（12）选项列表控件：可以在 Web 页面中指定位置插入一个选项列表。

（13）当选中一个因特网对象时，可以在其属性栏中显示和调整该控件的位置值，见图 10 - 7。

图 10 - 7　因特网对象属性栏

2. 插入条形码

当你制作一些产品的包装，或是书籍的封面封底时，免不了要制作一个条码。Coreldraw 早已内置了这项功能，而且还可以以向导的形式设计。

（1）点击［编辑］→［插入条形码］选项，如图 10 - 8 所示。

（2）必须根据本次商品的种类进行格式选取，然后输入数字，接着就可以按下一步了，如图 10 - 9 所示。

（3）接着选择有关分辨率、单位、缩放比例、条码高度及宽窄比例等，修改的过程中可以即时在下方的预览中看到，如图 10 - 9 所示。

图 10 - 8　条形码对话框

图 10 - 9　条形码的设置

（4）然后主要是选择条码上的字体、文字大小粗细及对齐方式等。

（5）按下［完成］后所要的条码就完成了。

3．插入新对象

在 Coreldraw 中［插入新对象］和前面几个版本一样，它包含 Office、Photoshop 等软件，结合这些常用的功能和特点，让我们更能得心应手了。

（1）插入对象都是大同小异的，下面我们介绍如何插入 Excel 表格，如图 10－10。

②可以看到在工作区里出现的表格，并且可以对它进行编辑，如图 10－11。

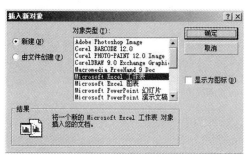

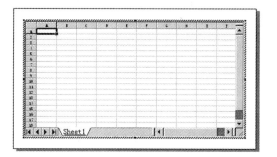

图 10－10　插入表格对话框　　　　　　图 10－11　插入 Excel 表格

③编辑的方法同 Excel 工作区里是一样的。完成后，直接在表格任何地方单击左键即可。如果需要对表格进行修改，只需对表格双击就可以了，如图 10－12。

④完成后，直接在表格任何地方单击左键即可，如图 10－13。

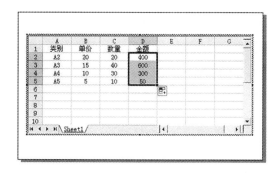

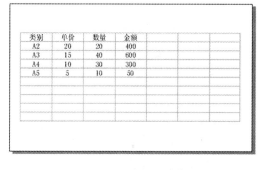

图 10－12　编辑 Excel 表格　　　　　　图 10－13　修改后的表格

10.4　图层和样式的操作

图层功能几乎是所有的绘图软件都必备的功能。使用图层可以更好地管理和控制绘图页面中复杂的绘图对象，应用样式能轻松地将复杂而重复的操作应用于其他对象。

1．使用图层控制对象

单击［工具］\［对象管理器］或［窗口］\［泊坞窗］\［对象管理器］，即可弹出［对象管理器］泊坞窗，如图 10－14。

当图标为彩色时表明正工作在当前图层，当这些图标为灰色时表明所选物件不在该图层。

对象管理器是通过页、层及对象的树状结构来显示对象的状态和属性的，每一个对象都有一个对应的图标和简短的描述来说明对象的填充和轮廓属性。这些图标是交互式的，选择对象管理器中的某一图标，则绘图页面中的相应对象也会被选中，因而可以通过对象管理器来组织、管理图形中的对象及其图层。

对象管理器除了对图形作品的页面进行管理外，还可对控制页进行管理。控制页中所有的绘图元素将会出现在图形作品的所有页面中。

2．新增和删除图层

对象管理器可以便捷地新增或删除图层，如果绘图页面只有一页，那么系统默认当前页面。

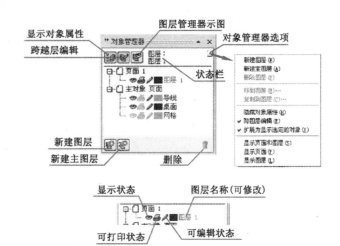

图 10－14　对象管理器窗口

①单击 新建图层按钮，可以在图形中添加一个新建的图层。当图层名称为红色时，表示此层处于编辑状态，如图 10－15。

新建主图层也用同样的方法。如不命名，则系统自动将图层命名为"图层 2"或"图层 3"，如要改名只需在名称上单击右键选择"重命名"，如图 10－16。

②选中需删除的图层后，单击 删除按钮，即可删除该层。或者直接在需要删除的图层上单击右键选择删除，如图 10－17。

图 10－15　可编辑状态的图层

图 10－16　图层的命名

图 10－17　图层的可见性设置

在泊坞窗中，还可以设置图层的可见性、可印刷及可编辑参数也可选择控制参数，将该图层转换为控制层。

3．在图层中添加对象

当多个图形对象在同一个图层时，要选取其中一个对象进行编辑，会觉得不方便，也时常受到其余图形对象的影响。如果为需要编辑的对象单独建立一个图层，可以在不同的图层内进行编辑，就不会出现这样的麻烦了。

①在对象管理器泊坞窗中，选择 新建图层。在选中图层中添加对象时，必须先激活该图层，才能接受编辑，如图 10－18。

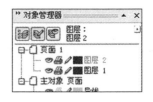

图 10－18　添加新图层

②选中图层 1 中的蓝色圆形，将它拖动到图层 2 时，光标变为带页面的黑色向右箭头。可用同样的方法，将其余对象添加到不同的图层中，如图 10 – 19。

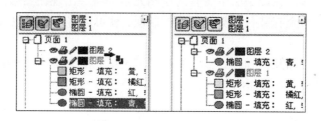

图 10 – 19　图层的移动

③利用此方法可以实现对象在图层之间的移动和复制。

4. 图层的排序

在对象管理器中的排列顺序决定了图形中对象在图形中的重叠次序，改变图形的排列顺序即可改变图形的重叠次序，如图 10 – 20。

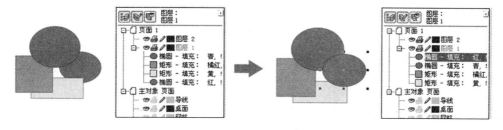

图 10 – 20　利用图层改变图形的前后顺序

要注意的是在图层重新排序的过程中，有时一些小的对象会因其他对象的遮挡而隐藏在其他对象的后面，此时对象看不见，但并没有丢失。

5. 图层的其他操作

在 Coreldraw 中，除了可以使用 [对象管理器] 对图层中的对象进行管理外，还可用其他的一些功能命令，对图层进行操作。

①图层中的对象排序。点击 [排列] / [顺序]，弹出如图 10 – 21 所示菜单，在这里我们可以对图层中的对象进行排序 (菜单上右侧是对应左边工具的快捷键)。

执行前面的命令，选择命令后，光标会变成向右的黑色箭头，移动光标指定一个对象后，可以将选中的物件放置在该指定对象的后面，如图 10 – 22。

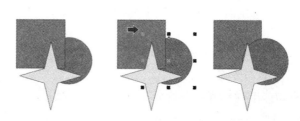

图 10 – 21　排列菜单　　　　　　**图 10 – 22　特定顺序的设置**

使用该命令时只能对处于同一图层的对象进行排序，而不能对图层进行排序。当物体与当前图层不同时，针对当前图层的排序命令对它不起作用。

②对控制层的操作。在控制层中所有的绘图元素都将会出现在图形作品的所有页面和图层中。我们只要创建一个有某一特殊对象的控制层，就可以将这一对象放在所有的绘图页面和图层中了。

在新建的页面中添加几个物体，然后单击工作区左下角文档导航器中的"＋"图标，添加一个页面，创建成为一个多页面的文档，如图 10 - 23。

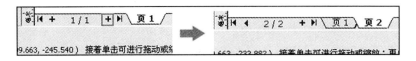

图 10 - 23　添加页面

打开[对象管理器]可以清楚地看到该多页面图形文档中的所有页面，如图 10 - 24。

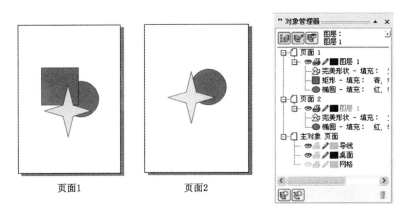

图 10 - 24　对象管理器

10.5　排列菜单

1. 对象群组

群组：选定两个或两个以上的对象，将其结群构成一个单位，使之可一起编辑改变，但对象的本身属性不变。

群组具有多重性：[安排]/[解散群组]、[全部解散群组]解开群组对象。

2. 对象组合

组合：选定两个或两个以上的对象，将其结合成一独立的曲线单元。对象如有交叠会产生空洞。

拆散(拆散组合对象)：拆散后被组合对象复原，但不会恢复原始属性。

3. 对齐与分布

将物体准确对齐与平均分布，见图 10 - 25。

4. 造型工具

利用多个对象的形状和位置创建新图像。它包括焊接、修剪、相交。

选择[排列]/[造型]打开造型控制泊坞窗。造形操作分为三个小工具：焊接，将多个对

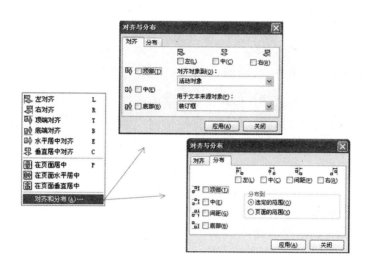

图 10-25 对齐与分布对话框

象进行焊接合并而形成一个对象；相交，将多个重叠部分创建一个新对象；修剪，该命令是剪去来源物件重叠在目标对象上的部分而创建一个新对象。

①选择[排列]/[造型]，打开造型控制泊坞窗。通过窗口里的图示我们可以清楚地看到图形被焊接、修剪、相交后是什么样的，如图 10-26。

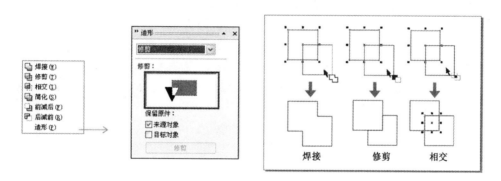

图 10-26 造型菜单命令和造型工作面板

5. 辅助绘图

导线、网格点与标尺的运用。用以辅助绘图，达到精确绘制对象或对齐物体的目的。

[查看]/[标尺]、[格点]、[导线]控制其显示；[贴齐导线]、[贴齐格点]控制是否贴齐，如图 10-27。

10.6 图形编辑工具类型

Coreldraw 提供了一系列的工具(和功能命令)用于对对象进行编辑，利用这些工具或命令，用户可以灵活地编辑与修改对象，以满足自己的设计需要。

图 10-27 查看、网格、标尺、导线的设置

1. 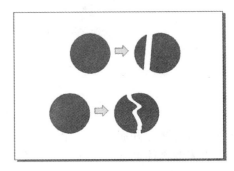 刻刀工具

使用刻刀工具可以将对象分割成多个部分，但是不会使对象的任何一部分消失。

（1）在工具箱中选中 刻刀工具，此时鼠标光标变成了刻刀形状。

（2）在属性栏 中选择 按钮，可以将对象切割成相互独立的曲线，且原有的填充效果将消失。将鼠标移动到图形对象的轮廓线上，分别在不同的截断点位置单击，此时可看到图形被截断成了两条非封闭的曲线，且原有的填充效果消失。

（3）在属性栏中选择 按钮，可以将被切断后的对象自动生成封闭曲线，并保留填充属性。将鼠标移动到图形对象的轮廓线上，分别在不同的截断点位置单击，此时看到图形被截断成两个各自封闭的曲线对象。我们也可以用拖动的方式来切割对象，不过这种方法在切割处会产生许多多余的节点，并且得到不规则的截断面，如图 10－28。

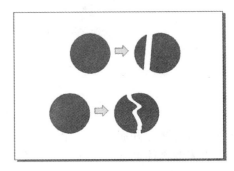

图 10－28　使用刻刀工具的不同效果

（4）如果在属性栏中同时按下 和 按钮，则可将该对象生成为一个多路径的对象。

2. 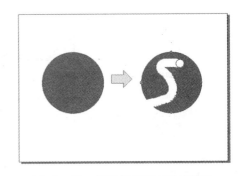 橡皮擦工具

使用橡皮擦工具可以改变、分割选定的对象或路径，而不必使用形状工具。使用该工具在对象上拖动，可以擦去对象内部的一些图形，而且对象中被破坏的路径，会自动封闭路径。处理后的图形对象和处理前具有同样的属性。使用橡皮擦工具的方法如下：

（1）从工具箱中选择 橡皮擦工具，此时鼠标光标变成了橡皮擦形状，拖动鼠标即可擦除拖动路径上的图形，如图 10－29。

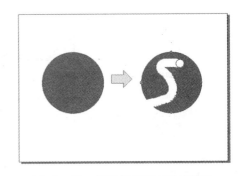

图 10－29　使用橡皮擦工具的效果

（2）按下 按钮可以在擦除时自动平滑擦除边缘，而按下 按钮则可以切换橡皮擦工具的形状。可以在属性栏 5.5 mm 的增量框中设置橡皮擦工具的宽度。

3. 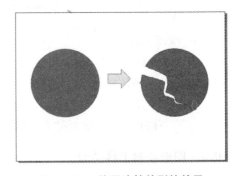 涂抹笔刷工具

要创建更为复杂的曲线图形，可以使用 Coreldraw12 在形状工具组中的两个基于矢量图形的变形工具——涂抹笔刷和粗糙笔刷。这两个新增的笔刷工具还支持压感功能，可感知压感笔的倾斜姿态和

图 10－30　使用涂抹笔刷的效果

方向，将压感笔与手写板配合使用时，可增加逼真的手绘效果。涂抹笔刷可在矢量图形对象（包括边缘和内部）上任意涂抹，以达到变形的目的。

（1）从工具箱中选择 涂抹笔刷工具，此时鼠标光标变成了椭圆形状，拖动鼠标即可

涂抹拖动路径上的图形，如图 10 - 30。

（2）在属性栏中可以设置笔刷的宽度、力度、倾斜角度和笔尖方位角，如图 10 - 31。

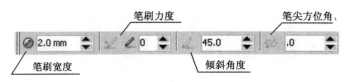

图 10 - 31　笔刷的属性栏

4. 粗糙笔刷工具

粗糙笔刷是一种多变的扭曲变形工具，它可以改变矢量图形对象中曲线的平滑度，从而产生粗糙的变形效果。

（1）从工具箱中选择 粗糙笔刷工具，在矢量图形的轮廓线上拖动鼠标，即可将其曲线粗糙化，如图 10 - 32。

（2）粗糙笔刷的设置与涂抹笔刷类似，只是在设置笔尖方位角的 固定方向 下拉列表框中选择"固定方向"时，需在 .0 增量框中设置笔尖方位角度值。

图 10 - 32　使用粗糙笔刷工具的效果

操作技巧：

涂抹笔刷和粗糙笔刷应用于规则形状的矢量图形(如矩形和椭圆等)时，会弹出提示框提示用户：涂抹笔刷和粗糙笔刷仅用于曲线对象，是否让 Coreldraw12 自动将其转成可编辑的对象？此时，应单击"OK"按钮或者先按快捷键 Ctrl + Q，将其转换成曲线后再应用这两个变形工具。

5. 自由变形工具

自由变形工具能够调整对象的外形、方向。该工具分为 旋转、 镜像、 缩放、 倾斜四个小工具，如图 10 - 33。

操作技巧：自由变形工具操作更为方便，可选择 [排列]→[变换]，打开自由变形控制泊坞窗操作。

6. 删除虚设线工具

"删除虚设线工具"是 Coreldraw 新增加的一个对象形状编辑工具，它可以删除相交对象中两个交叉点之间的线段，从而产生新的图形形状。该工具的操作十分简单。

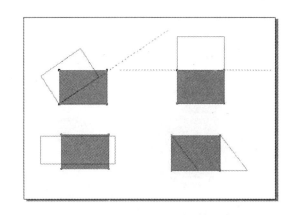

图 10 - 33　自由变形工具的使用

（1）选择[删除虚设线工具]，移动鼠标到删除的线段处，此时删除虚设线工具的图标会竖立起来，单击鼠标即可删除选定的线段，如图 10 - 34。

（2）如果想要同时删除多个线段，可拖动鼠标在这些线段附近绘制出一个范围选取虚线框后，释放鼠标即可，如图 10 - 35。

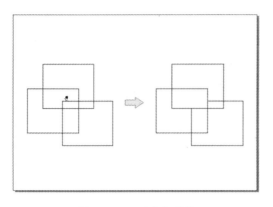

图 10 – 34　删除虚设线　　　　　　　　　图 10 – 35　同时删除多段虚设线

实验内容与步骤

手表的绘制

图 10 – 36　时尚的手表

（1）绘制手表的表盘。先选择 圆形工具，按住 Ctrl 键画出正圆，然后打开［变换］泊坞窗，选择［大小］，选定中心点，设定水平、垂直的值。然后给几个圆形分别填充颜色（如图 10 – 37 所示）。

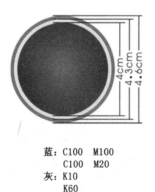

蓝：C100　M100
　　　C100　M20
灰：K10
　　K60

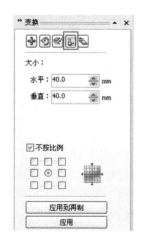

图 10 – 37　表盘的绘制和色彩的填充

（2）选择其中一个圆，复制一个 ϕ3mm 的同心圆，填充为白色。确定圆的中心，可用导线来表示，如图 10 - 38。

（3）能否精确画出手表的时间刻度是很重要的。我们先画一个细长的白色矩形作为刻度，选择矩形，在中心点击一下，当它成为旋转状态时，将中心点拖至圆心，然后打开变换泊坞窗里的［旋转］，选择中心，将角度改为 30。点击［应用到再制］，就可以快速准确地将表盘上的刻度制作出来，如图 10 - 39。

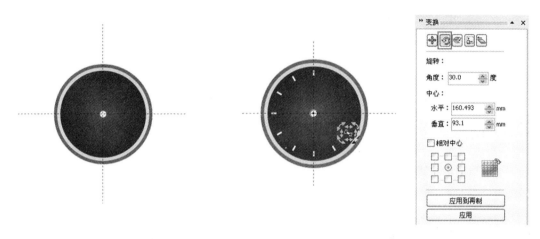

图 10 - 38　寻找圆心

图 10 - 39　刻度的制作

（4）接下来我们要做指针了，先画个矩形，然后按下 Ctrl + Q 键（将图形转为曲线），选择形状工具在矩形上方中心双击添加一个结点。然后删掉两侧的结点，矩形则成为一个三角形，选定三角形，将其收缩成细长的指针，如图 10 - 40 所示。

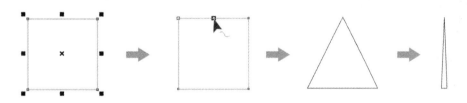

图 10 - 40　指针的制作

（5）将指针分别做成长短、粗细不同的时针、分针、秒针，如图 10 - 41。

（6）现在表盘完成了，需要做出金属外壳的效果。同样的再加上一个同心圆，并填充颜色（灰与白的渐变色），如图 10 - 42。

灰：K：30

（7）画出外壳上的连接处（填充同上）。复制并镜像此图形，然后将其放在表盘的底层即可，如图 10 - 43 所示。

图 10 - 41　做好指针后的表盘

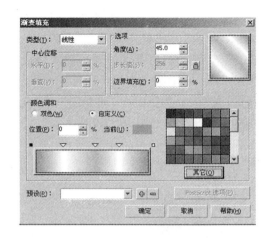

图 10-42　金属外壳的制作

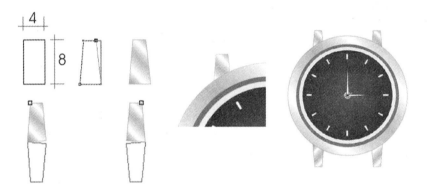

图 10-43　表壳与表链连接处的制作

（8）整个表面现在已经完成了，接着画上表带吧！分别用图形创建工具画出矩形和半圆形，并填充颜色。可以在小块的矩形上用 [交互式透明工具]，如图 10-44。

兰：C：100 M：80 K：20

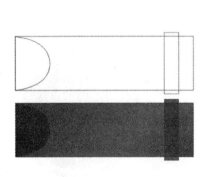

图 10-44　表带外形的绘制

（9）给表带加上缝线。沿着表的边缘画出一条线，颜色线条填充，如图 10 – 45。

（10）然后画出表扣。先画一个矩形，在属性栏里选择［右边矩形边角圆滑度］，设定为 50；保持中点复制一个，选择两个物体并将它们组合，接着用一个矩形剪切多余的部分，最后在中间加上一个新的矩形即可，如图 10 – 46。

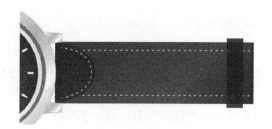

图 10 – 45　表带细部的绘制

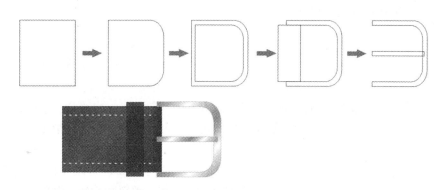

图 10 – 46　表带扣的绘制

（11）选择用带，左右镜像，做出左边的表带。用形状工具，将左边修改成圆形。接着在表带上加上几个小孔，如图 10 – 47。

图 10 – 47　表带的复制和扣孔的绘制

（12）现在需要在表带上加些图案了。选择工具栏里的 ［基本形状］工具，从属性栏里选择 ♡ 形状，如图 10 – 48。

图 10 – 48　对表带进行装饰

现在，一款时尚的手表就大功告成啦！

实验注意事项

（1）在工作区所有的物体的移动都是相对定位点进行的，对象默认的定位点是其旋转中心点。如果改变了定位点，对象也会相对于新的定位点进行移动。

（2）为了避免所做的工作因意外原因丢失，保存文件是一个非常重要的步骤。在制作过程中要经常注意随时保存。保存有两种方式可选择：一是［文件］/［保存］命令直接保存（快捷键 Ctrl + S），这样会将所做修改直接保存到原文件；二是［文件］/［另存为］命令（快捷键 Ctrl + Shift + S），这样所做修改的文件会另外保存一份。

实验常见问题与操作技巧解答

（1）如何组织对象？

答：在编辑多个对象时，时常希望将图形页面中的对象整齐地、有条理地和美观地排列和组织起来，这就要用到对齐、分布、排序及组织工具或命令了。打开［排列］/［对齐与分布］，可以选择对齐的方式，如上、中、下对齐或左、中、右对齐。也可以在［对象对齐到］下接列表选框中选择将对象对齐到激活对象、页面边缘、页面中央、网格或指定点。

（2）如何变换对象？

答：对象的变换主要是对对象的位置、方向以及大小等方面进行改变操作，而并不改变对象的基本形状及其特征。它包括对象的选取移动、镜像、倾斜和旋转、缩放。

（3）如何进行多层编组？

答：要把多个层编排为一个组，最快速的方法是先把它们链接起来，然后选择群组命令（Ctrl + G）。当要在不同文档间移动多个层时就可以利用移动工具在文档间同时拖动这个层了。

（4）如何在［对象编辑器］中新建一个图层？

答：利用［对象管理器］泊坞窗，可以便捷地新增或删除图层，选择左下角的"＋"便可新建一个图层。

实验报告

将课堂实验完成的设计作品"手表"存储为 Coreldraw 格式，发送到教师机。

思考与练习

（1）什么是图层？说出［图层］中各个按钮的功能。

（2）说出图形编辑工具的类型及功能。

（3）熟练运用自由变形工具。

（4）练习新创建一个图层，将背景层转换为普通层，再将普通层转换回背景层。

（5）练习设计制作一幅时尚的太阳镜。

实验 11　Coreldraw 中交互式造型工具运用

实验目的

本实验是针对 Coreldraw 的交互式造型工具的使用来展开，通过实验要求学生了解 Coreldraw 交互式造型的基本概念，对交互式造型工具的具体使用操作有详细的了解，重点掌握交互式渐变和交互式阴影工具的使用。

实验预习要点

①交互式调和工具；②交互式轮廓图工具；③交互式变形工具；④交互式阴影工具；⑤交互式封套工具；⑥交互式立体化工具；⑦交互式透明工具。

实验设备及相关软件（含设备相关功能简介）

1. 运行环境

PC 系列微型计算机（奔腾及各种兼容机）或苹果机（Mac），要求内存为 128M 以上，一个 40G 以上硬盘驱动器，真彩彩色显示器。

2. 软件

用 Coreldraw 即可。

实验基本理论

11.1　关于交互式造型工具

为了最大限度地满足用户的创作需求，Coreldraw 提供了许多用于为对象添加特殊效果的工具。交互式造型工具便是其一，它包括交互式调和工具、交互式轮廓工具、交互式封套工具、交互式变形工具、交互式立体化工具、交互式阴影工具、交互式透明工具以及交互式菜单命令。灵活地运用调和、轮廓、封套、变形、立体化、阴影、透明等特殊工具及命令，可以使自己创作的图形对象异彩纷呈、魅力无穷。

1. 交互式调和工具

调和是矢量图中一个非常重要的功能，是针对两个或两个以上的矢量图对象进行的外形、色彩上的混合和渐变。使用调和功能，可以在矢量图形对象之间产生形状、颜色、轮廓及尺寸上的变化，通过其对应的属性栏，还可以对对象、颜色和大小进行加速，对颜色还可以进行顺时针和逆时针的调整，使调和的形式多样。使用交互式调和工具可以快捷地创建调和效果，具体的操作方法是：

（1）先绘制两个用于制作调和效果的对象。

（2）在工具箱中选定 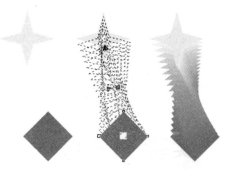 ［交互式调和工具］。

（3）在调和的起始对象上按住鼠标左键不放，然后拖动到终止对象上，释放鼠标即可，如图 11 –1所示。

操作技巧：虽然交互式调和工具可以快捷地创建调和效果，但要充分展示调和效果的丰富变化，还需通过对其属性栏中各项参数进行调整后才能实现，如图 11 –2。

图 11 –1   使用调和工具后的效果

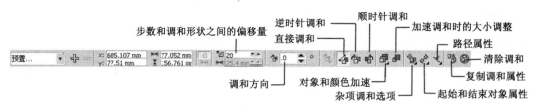

图 11 –2   调和工具属性栏

（4）单击［交互式调和工具］属性栏中的 ［路径属性］按钮，可以使选中的调和对象按特定的路径进行调和。操作步骤如下：

①单击绘图工具准备好新的路径对象，并选中已建立调和对象；

②单击属性栏中的 ［路径属性］按钮，在弹出的菜单中选择［新路径］选项；

③将已变成曲柄箭头的光标移动到作为路径的对象上单击；

④如果在［路径属性］按钮弹出的菜单中选择［从路径中分离］选项，可使调和和起始对象和终止对象在路径上，而其他的过渡对象不覆盖路径，如图 11 –3。

在 ［杂项调和选项］按钮的菜单中选择［沿全路径调和］复选框，可以使调和对象填满整个路径；选择［旋转所有对象］复选框，可以使调和的过渡对象在沿路径调和的同时产生旋转，如图 11 –4。

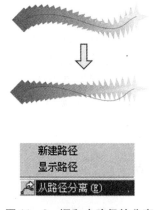

图 11 –3   调和中路径的分离

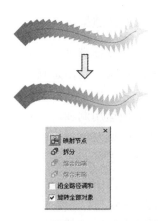

图 11 –4   调和过程中路径的改变

单击 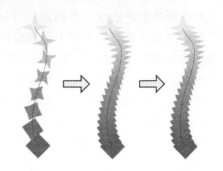［改变起止对象属性］按钮，从弹出来的菜单中有［新起始点］、［显示起始点］、［新终止点］和［显示终止点］命令，可以显示或重新设置调和的起始对象和终止对象。

单击 ［复制调和属性］按钮，可以在对象之间复制调和效果，只需选中要复制调和属性的对象，选择该选项按钮或执行效果/复制效果/调和菜单命令后，移动已经变成向右黑色箭头的光标，单击要复制的调和效果对象即可，如图 11－5 所示。

图 11－5　复制调和属性

单击 ［取消调和］按钮，可以消除对象中的调和效果。

在 ［样式列表］下拉列表框中有许多预置的调和样式，可以选择这些样式运用于调和中；也可将自己所选中满意的调和效果，通过按" ＋"按钮加入到样式列表中，供自己以后调用；也可按" －"按钮取消不常用的调和样式。

在 ［对象位置］中可以显示和调整对象相对于标尺的坐标值。

在 ［对象尺寸］中可以显示和调整对象的尺寸大小。

在 ［调和步幅/间距］，单击上面的按钮，可以选中调和效果的起始对象与终止对象之间的过渡的数目（即步幅）设置；单击下面的按钮，则可以选中过渡对象之间的间距设置。

在 ［调和步幅值/间距值］上面的增量框可以设置两个调和对象之间的调和步数；下面的增量框可以设置过渡对象之间的间距值。

在 ［调和方向］增量框中可以输入角度值，则调和中过渡对象按输入的解放值旋转，旋转方向与角度值的正负有关。

当［调和方向］增量框中的值不为零时， ［弯曲调和］按钮变为可用。单击按钮，可以在将调和中产生旋转的过渡对象拉直的同时，以起始对象和终止对象的中间位置为旋转中心作环绕分布，如图 11－6 所示。

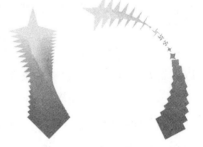

图 11－6　弯曲调和

单击 ［直接调和］、 ［顺时针调和］或 ［逆时针调和］按钮，可以设置调和对象之间的颜色过渡为直接、顺时针或逆时针方向。

单击 ［对象和色彩加速调］按钮，可在弹出的对话框中拖动对象或颜色滑轨上的滑块，调整调和对象与调和颜色的加速度。默认状态时，对象和颜色的调和是联动的，可单击右边的 ［链接加速调和］按钮，断开它们的链接，单独调整调和对象或调颜色的加速度，如图 11－7。

图 11－7　对象和色彩加速调和

单击 [加速尺寸调和]按钮，可以设置调和时过渡对象调和尺寸的加速变化。

2. 交互式轮廓图工具

轮廓图效果是指由一系列对称的同心轮廓线圈组合在一起，所形成的具有深度感的效果。由于轮廓效果有些类似于地理地图中的地势等高线，故有时又称之为"等高线效果"。轮廓效果与调和效果相似，也是通过过渡对象来创建轮廓渐变的效果，但轮廓效果只能作用于单个的对象，而不能应用于两个或多个对象，操作时有到中心、向内和向外三种调和方式，并可随时更换轮廓线的颜色。具体的操作方法是：

①选中欲添加效果的对象。

②在工具箱中选择 [交互式轮廓工具]。

③用鼠标向内（或向外）拖动对象的轮廓线，在拖动的过程中可以看到提示的虚线框。

④当虚线框达到满意的大小时，释放鼠标即可完成轮廓效果的制作，如图 11 – 8。

⑤设置[交互式轮廓工具]属性栏的相关选项可以为对象加更多的轮廓效果，如图 11 – 9。

图 11 – 8 交互式轮廓工具的效果

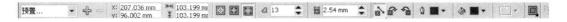

图 11 – 9 交互式轮廓工具属性栏的设置

在轮廓工具栏中，也提供了 [样式列表]下拉列表框，其中预置了许多轮廓样式；也可以根据自己需要，增加或删除轮廓样式。

单击 [至中心]、 [向内]、 [向外]按钮，分别可以向选中对象的中心、轮廓向内或轮廓向外添加轮廓线，如图 11 – 10。

在 [轮廓步幅]增量框中，可以设置要创建的同心轮廓线圈的级数。

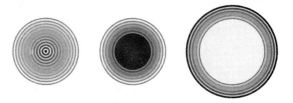

图 11 – 10 交互式轮廓工具的三种形式

在 [轮廓间距]增量框中，可以调整各个同心轮廓线圈之间的距离。

[线性轮廓填色]、 [顺时针轮廓填色]和 [逆时针轮廓填色]按钮，可以在颜色色谱中，用直线、顺时针曲线或逆时针曲线所通过的颜色来填充原始对象和最后一个轮廓形状，并据此创建颜色的级数，如图 11 – 11。

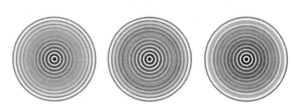

图 11 – 11 轮廓间距离的设置

[轮廓颜色]按钮，可选择最后一个同心轮廓线的颜色。

[填充颜色]按钮，可选择最后一个同心轮廓的填充颜色。

当原始对象使用了渐变填充效果时， [渐变终止颜色]按钮，可以选择轮廓渐变填充最后的终止颜色，如图 11 - 12。

图 11 - 12　轮廓色彩的填充

[对象与颜色加速度]按钮，可在下拉框中调节轮廓对象与轮廓颜色的加速度，方法与交互调和工具属性栏中的 [对象和色彩加速调和]按钮用法相似。

3. 交互式变形工具

变形效果是指不规则地改变对象的外观，使对象发生变形，从而产生令人耳目一新的效果。Coreldraw 提供的 交互式变形工具有三种变形方式，可以方便地改变对象的外观。通过该工具中 推拉变形、 拉链变形和 缠绕变形三种变形方式的相互配合，可以得到变化无穷的变形效果，如图 11 - 13。

图 11 - 13　交互式变形工具属性栏

具体的操作方法是：

（1）在工具箱中选择 [交互式变形工具]。

（2）在属性栏中选择变形方式为 推拉变形、 拉链变形或 缠绕变形。

（3）将鼠标移动到需要变形的对象上，按住左键拖动鼠标到适当位置，此时可看见蓝色的变形提示虚线。

（4）释放鼠标即可完成变形，如图 11 - 14。

图 11 - 14　相同节点及方向的推拉、拉链和缠绕变形效果

操作技巧：变形的中心点决定了对象的变形方向；开始变形时，单击的地方就是变形的中心点。可以随时移动该点的位置，也可以将该点移动到对象的外面。

（1） 推拉变形。它可以通过"推"和"拉"两种操作来控制对象的变形，是系统的默认变形方式，其属性栏：

在 预置... 下拉列表中可以应用或添加系统预置的变形样式。

单击 [添加新变形]按钮，可以向已经变形过的对象添加新的变形效果。

在 -45 （推拉变形幅度）增量框中，可以调节推拉变形的位置。（数值 - 200 ~ - 1 用于拉动变形，1 ~ 200 用于推动变形。）

单击 [中心变形]按钮，可以将所选对象的变形中心移至对象的中心，如图 11 - 15。

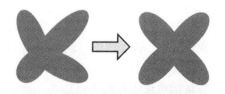

图 11 - 15　推拉变形的属性栏设置

单击 ⬡ [转换为曲线]按钮，可以将选中的对象转换为曲线，并允许其再变形。

（2） ⬡ 拉链变形。此变形方式可以使所选中的对象的边界产生类似于锯齿状的变形效果，其属性栏如图 11 - 16 所示。

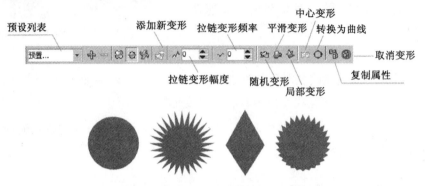

图 11 - 16   应用拉链变形方式的效果

（3） 缠绕变形。该变形方式可以使对象产生类似于螺旋线的旋涡效果，其属性栏如图 11 - 17 所示。

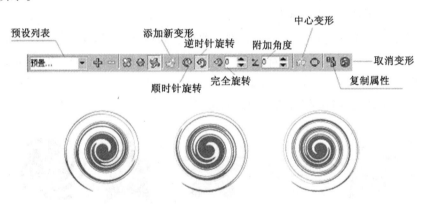

图 11 - 17   应用缠绕变形方式的效果

4. ▢ 交互式阴影工具

阴影效果是指为对象添加下拉阴影，增加景深感，从而使对象具有一个逼真的外观效果。制作好的阴影效果与选定对象是动态链接在一起的，如果改变对象的外观，阴影也会随之变化。使用交互式阴影工具，可以快速地为对象添加下拉阴影效果。

（1）在工具箱中选择 ▢ [交互式阴影工具]。

（2）选中需要制作阴影效果的对象。

（3）在对象上面按下鼠标左键，然后往阴影投映方向拖动鼠标，此时会出现对象阴影的虚线轮廓框。

（4）至适当位置，释放鼠标即可完成阴影效果的添加，如图 11 - 18。

操作技巧：拖动阴影控制线中间的调节钮，可以调节阴影的不透明程度。越靠近白色方块，不透明度越小，阴影越淡；越靠近黑色方块（或其他颜色），不透明度越大，阴影越浓。用鼠标从调色板中将颜色色块拖到黑色方块中，方块的颜色则变为选定色，阴影的颜色也会随之改变为选定色。

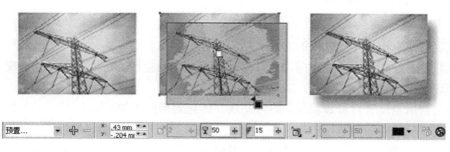

图 11-18　应用交互式阴影工具

5.　交互式封套工具

封套是通过操纵边界框，来改变对象的形状，其效果有点类似于印在橡皮上的图案，扯动橡皮则图案会随之变形。使用工具箱中的交互式封套工具可以方便快捷地创建对象的封套效果。

（1）选中工具箱中的 ［交互式封套工具］按钮。

（2）单击需要制作封套效果的对象，此时对象四周出现一个矩形封套虚线控制框。拖动封套控制框上的节点，即可控制对象的外观，如图 11-19。

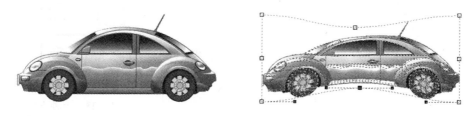

图 11-19　使用交互式封套工具

在 自由变形 ［映射模式］列表中，可以选择［水平的］、［原始的］、［自由变换］或［垂直的］映射模式，使封套中的对象按选中的映射模式压缩改变外观，以符合封套的形状，如图 11-20所示。

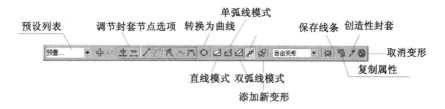

图 11-20　交互式封套工具的属性栏

6.　交互式立体化工具

立体化效果是利用三维空间的立体旋转和光源照射的功能，为对象添加上产生明暗变化的阴影，从而制作出逼真的三维立体效果。使用工具箱中的交互式立体化工具，可以轻松地为对象添加上具有专业水准的矢量图立体化效果或位图立体化效果，如图12-21。具体操作方法是：

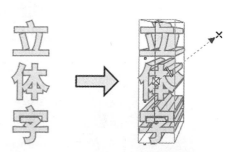

图 11-21　交互式立体化工具的应用

157

①在工具箱中选中 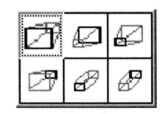［交互式立体化工具］。

②选定需要添加立体化效果的对象。

③在对象中心按住鼠标左键向添加立体化效果的方向拖动，此时对象上会出现立体化效果的控制虚线。

④拖动到适当位置后释放鼠标，即可完成立体化效果的添加。

⑤拖动控制线中的调节钮可以改变对象立体化的深度。

⑥拖动控制线箭头所指一端的控制点，可以改变对象立体化消失点的位置。

⑦接下来看属性栏的设置情况，如图 11 - 22。

图 11 - 22　交互式立体化工具的属性栏

在［立体化模型］里已列出了六种模型，它们全用图形的方式表达，一目了然，如图 11 - 23。

7. 交互式透明工具

透明效果是通过改变对象填充颜色的透明程度来创建独特的视觉效果。使用交互式透明工具可以方便地为对象添加"标准"、"渐变"、"图案"及"材质"等透明效果，如图 11 - 24、图 11 - 25、图 11 - 26 所示。

图 11 - 23　六种立体化模型

图 11 - 24　应用标准透明效果

图 11 - 25　应用渐变透明效果

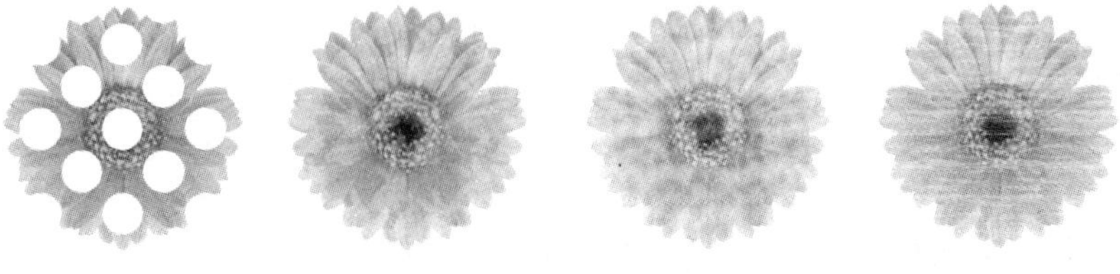

图 11 - 26　应用图样透明的效果

11.2　透镜效果

透镜效果是指通过改变对象外观或改变观察透镜下对象的方式,所取得的特殊效果。

1. 透镜效果应用

虽然 Coreldraw 为用户提供了多达 12 种的透镜,每种透镜所产生的效果也不相同,但添加透镜效果的操作步骤却基本相同,如图 11 – 27。

图 11 – 27　透镜泊坞窗口

(1) 绘制或调入需要添加透镜效果的图形对象。

(2) 单击菜单命令"效果"/"透镜"或按快捷键 Alt + F3,弹出"透镜"泊坞窗口。

(3) 在"透镜"泊坞窗预览框下面的透镜类型列选栏中,选择想要应用的透镜效果。

(4) 设置在列选栏下面出现的选定透镜类型的参数选项[不同的透镜类型的参数选项不同]。

图 11 – 28　添加透镜效果

(5) 单击[应用]按钮,即可将选定的透镜效果应用于对象中。

操作技巧:透镜只能应用于封闭路径及艺术字对象,而不能应用于开放路径、位图或段落文本对象,也不能应用于已经建立了动态链接效果的对象(如立体化、轮廓图等效果的对象)。

(6) 设置透镜效果的参数。虽然每一个类型的透镜所需要设置的参数选项都不尽相同,但"冻结"、"视点"和"移除表面"这三个参数却是所有类型的透镜都必须设置的公共参数。

冻结:选择了该参数的复选框后,可以将应用透镜效果对象下面的其他对象所产生的效果添加成透镜效果的一部分,不会因为透镜或者对象的移动而改变该透镜效果,如图 11 – 29。

视点:该参数的作用是在不移动透镜的情况下,只弹出透镜下面的对象的一部分。

图 11 – 29　是否选定"冻结"参数的不同效果

操作技巧:

① 当选中该选项的复选框时,其右边会出现一个[编辑]按钮,单击此按钮,则在对象的中心会出现一个"×"标记,此标记代表透镜所观察到的对象的中心,拖动该标记到新的位置或在透镜泊坞窗中输入该标记的坐标位置值。

② 单击[应用]按钮,则可观察到以新视点为中心的对象的一部分透镜效果,如图 11 – 30 所示。

(7) 移除表面:选中此选项,则透镜效果只显示该对象与其他对象重合的区域,而被透镜覆盖的其他区域则不可见,如图 11 – 31。

2. 透镜种类

Coreldraw 在透镜泊坞窗中的透镜类型列选栏中,提供了 12 种类型的透镜,每一种类型的透镜都有自己的特色,能使位于透镜下的对象显示出不同的效果。

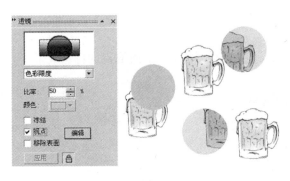

图 11－30　应用视点参数的效果　　　　　　图 11－31　应用移除表面参数的效果

（1）无透镜效果　顾名思义，此透镜的作用就是消除已应用的透镜效果，恢复对象的原始外观。

（2）使明亮　该透镜可以控制对象在透镜范围内的亮度。比率增量框中的百分比值范围是 －100 至 100 之间，正值使对象增亮，负值使对象变暗，如图 11－32。

（3）颜色添加　该透镜可以为对象添加指定颜色，就像在对象的上面加上一层有色滤镜一样。该透镜以红、绿、蓝三原色为亮色，这三种色相结合的区域则产生白色。比率增量框中的百分比值范围是 0 至 100 之间。比值越大，透镜颜色越深，反之则浅，如图 11－33。

图 11－32　应用"使明亮"透镜的效果　　　　图 11－33　应用"颜色添加"透镜添加红色的不同效果

（4）色彩限度　使用该透镜时，将把对象上的颜色都转换为指定的透镜颜色弹出显示。比率中可设置转换为透镜颜色的比例，百分比值范围是 0 至 100 之间，如图 11－34。

（5）自定义色彩图　选择该透镜，可以将对象的填充色转换为双色调。转换颜色是以亮度为基准，用设定的"起始颜色"和"终止颜色"与对象的填充色对比，在反转而成弹出显示的颜色。

图 11－34　应用"色彩限度"透镜的效果

在颜色间级数列选栏中可以选择"向前的彩虹"或"反转的彩虹"选项，指定使用两种颜色间色谱的正反顺序，如图 11－35。

（6）鱼眼　鱼眼透镜可以使透镜下的对象产生扭曲的效果。通过改变比率增量框中的值来设置扭曲的程度，比例设置范围是 －1000 至 1000。数值为正时向外突出，数值为负时向内下陷，如图 11－36。

（7）热图　该透镜用以模拟为对象添加红外线成像的效果。弹出显示的颜色是由对象的颜色和"调色板旋转"增量框中的参数决定的，其旋转参数的范围是 0 至 100 之间。色盘的旋转顺序为：白、青、蓝、紫、红、橙、黄，如图 11－37。

（8）反转　该透镜是通过按 CMYK 模式将透镜下对象的颜色转换为互补色，从而产生类似相片底片的特殊效果，如图 11 - 38。

图 11 - 35　应用"自定义色彩图"透镜的效果

图 11 - 36　应用"鱼眼"透镜效果

图 11 - 37　应用"热图"透镜效果

图 11 - 38　"反转"透镜效果

（9）放大　应用该透镜可以产生放大镜一样的效果。在"倍数"增量框中设置放大倍数。取值范围是 0 至 100。数值在 0 至 1 之间为缩小，数值在 1 至 100 之间为放大，如图 11 - 39。

（10）灰度浓淡　应用该透镜可以将透镜下的对象颜色转换成透镜色的灰度等效色，如图 11 - 40。

图 11 - 39　"放大"透镜效果

图 11 - 40　应用"灰度浓淡"透镜效果

（11）透明度　应用该透镜时，就像透过有色玻璃看物体一样。在比率增量框中可以调节有色透镜的透明度，取值范围为 0%　至 100%。在颜色列选栏中可以选择透镜颜色，如图 11 - 41。

（12）线框　应用该透镜可以用来显示对象的轮廓，并可为轮廓指定填充色。在"轮廓"列选栏中可以设置轮廓线的颜色；在"填充"列选栏中可以设置是否填充及其颜色，如图 11 - 42。

图 11 - 41　应用"透明度"透镜效果

图 11 - 42　应用"线框"透镜效果

实验内容与步骤

绘制汽车

通过实验，对前面所学的贝塞尔工具、交互式透明工具、交互式网状填充工具等及其相关命令进行实际应用，真正掌握所学知识，灵活运用。

具体制作步骤：

（1）打开软件 Coreldraw。设定页面尺寸，建立新文件。

（2）选取 ✄ 工具，绘制出汽车的外轮廓，如图 11－43，有不准确或需要修改时可选择形状工具进行形体调整。

（3）用椭圆工具画出两个圆形，如图 11－44，剪出车轮所占的位置，具体的方法是：

图 11－43   图 11－44

先选取其中一个圆形，进入［窗口］中的泊坞视窗→修整，按下［修剪］，如图 11－45。

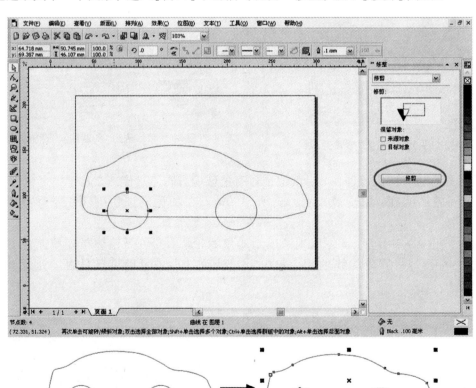

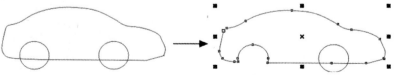

图 11－45

（4）利用 工具对整个车模进行细部修正，并填上［C25，M15，Y10，K0］颜色，如图 11 – 46。

为了使车身有强烈的立体感，再用矩形工具画一个矩形，填上白色，如图 11 – 47。

使用 互动式透明工具进行由上而下的渐变透明，如图 11 – 48。

复制并镜像刚刚做渐变的白色，如图 11 – 49。

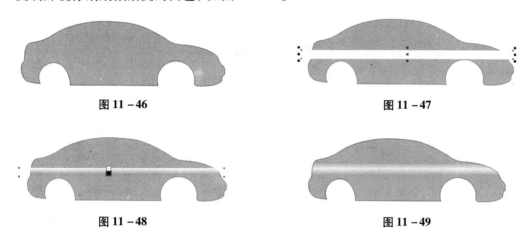

图 11 – 46　　　　　　　　　　　　　　图 11 – 47

图 11 – 48　　　　　　　　　　　　　　图 11 – 49

选取刚建立的矩形，再进入［效果］中的精确剪裁→放置在容器中，如图 11 – 50。

图 11 – 50

由于车身下半部光线较弱，看起来较暗，使用以上步骤，做以下效果，如图 11 – 51。

（5）接下来我们就画车窗了。选取 工具，然后绘制出汽车车窗的轮廓，如图 11 – 52。

接着填上比车身更深的颜色，并用交互式透明

图 11 – 51

工具进行由右而左的渐变透明。最后绘制出车窗以外的线条，增强车的真实感，如图 11 – 53。

图 11 – 52　　　　　　　　　　　　　　图 11 – 53

（6）车门的绘制：先画出车门的线条，其实只要利用两条不同颜色的线段，就能造成凹陷的感觉，如图11-54所示。

图 11-54

（7）挡风玻璃的绘制：先用贝塞尔曲线画出挡风玻璃，颜色则可自行决定，如图11-55。

为了让挡风玻璃和车身能有更完美的结合，再使用［交互式网状填充］进行调节，如图11-56。

图 11-55   图 11-56

（8）大灯、尾灯、凹槽及反光镜的绘制：在车头画出一个椭圆，然后填上灰色到白色的渐变，并选用射线方式；再用贝塞尔曲线工具画出尾灯并填上颜色，这样就完成了，如图11-57。

不难发现，车头除了大灯外，还有风扇口和基于流体力学考虑的凹槽。

先画车头的部分，因为这些大多都是不规则的形状，所以还是用贝塞尔曲线工具来完成，如图11-58。

图 11-57   图 11-58

随后，我们使用贝塞尔曲线工具画出反光镜外形，并填上［K80］颜色，如图11-59。

接下来再来描绘出较亮的部分，以车身颜色［C25，M15，Y10，K0］填充，如图11-60。

图 11-59   图 11-60

再用交互式网状填充工具补上亮光，这样反光镜就完成了，如图11-61。

（9）门手的绘制：用贝塞尔曲线工具画出一个圆，并填上［C25，M15，Y10，K10］颜色，用交互式网状填充进行调节高度区域，如图11-62。

再绘制出拉手，填上［C25，M15，Y10，K0］到白色到［C25，M15，Y10，K0］渐变颜色，如图11-63。

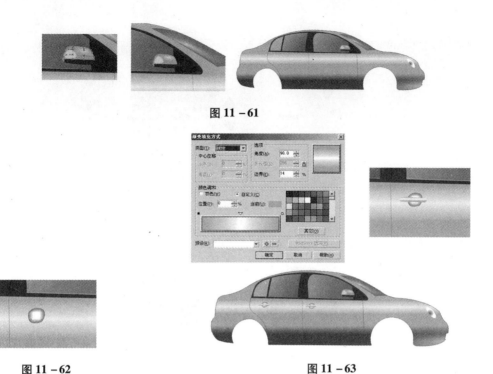

图 11 –61

图 11 –62

图 11 –63

（10）轮胎的制作：按住 Ctrl 画出一个正圆，然后复制两个同心圆，并且将里面的圆形结合，如图 11 – 64。

填充轮胎的颜色。外框 K：95；内圆 K：60。填充完成后，在里面的颜色上加上一个浅色线条，如图 11 – 65。

图 11 –64

图 11 –65

在中心增加两个同心圆。大圆为白色，小圆 K：40，使用 [icon] 交互式调和工具由中心的圆向外侧圆拖动，如图 11 – 66。

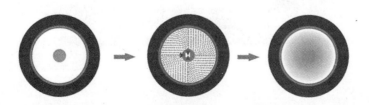

图 11 –66

绘制一个齿轮。填充 K：95。打开［排列］/［变换］/［旋转］，如图 11 – 67。

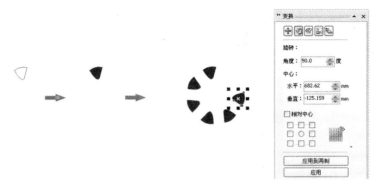

图 11 – 67

将齿轮置入轮胎中，将外框放到最前面，如图 11 – 68。

图 11 – 68

（11）最后，给轮胎加点反光，就大功告成了，这样车子的效果基本就出来了，如图 11 – 69。

图 11 – 69

（12）为了使效果更加逼真，可以采用上述方法画出车内的装置、天线和车外的布局装饰，做出最终效果图，如图 11 – 70。

图 11 – 70

实验注意事项

为了避免所做的工作因意外原因而丢失，保存文件是一个非常重要的步骤。在制作过程中要经常注意随时保存。

保存文件的方式有两种：一种是利用菜单栏中的（文件/保存；Ctrl + S）命令直接保存，这样会将所做修改直接保存到原文件；另一种是利用菜单栏中的（文件/另存为；Ctrl + Shift + S）命令，在保留原文件的基础上，将修改后的图像另外保存一份。

实验常见问题与操作技巧解答

（1）在操作过程中如何进行多个物件选择？怎样快速全部选取物件？

答：选择多个物件有两种方法：一个是利用选取工具，然后按住键盘上的 Shift 键，单击物件即可。另一种方法是利用选取工具，按下鼠标，将要选取的对象框选起来。如果要选取页面上的所有物件，可以按 Ctrl + A 键，也可以双击选取工具，这样操作既方便又快捷。

（2）在绘制复杂物体时，怎样才能避免将已经完成的对象误选或误动？

答：避免将已经完成的对象误选或误动有两种方法：一是将已做完物件进行锁定，选择编排/锁定物件即可；二是利用图层进行操作。

（3）画图时怎样将图的外轮廓画好？

答：要将物体的外轮廓画好，画得很流畅，主要靠我们使用贝塞尔曲线的熟练程度和使用形状工具调整的经验，对节点的转换要弄明白才能画好。

（4）如何调整物件的排列层次？

答：调整物体摆放的层次，主要利用菜单命令，在菜单栏点击排列/顺序，选择需要排放的层次，是前还是后，要放置在某一具体物体前或后，可选择排列/顺序/置于此物体前（后）即可实现。

实验报告

将完成的设计作品"绘制汽车"存储为 Coreldraw 格式文件，发送到教师机上。

思考与练习

（1）什么是交互式调和工具？运用交互式调和工具可以制作出什么效果？一根直线与一根弧线能进行调和吗？

（2）在什么情况下可以使用交互式轮廓图工具？

（3）交互式变形工具有几种变形方式？

（4）位图可以使用交互式阴影工具添加投影吗？

（5）交互式封套工具有什么作用，能给我们带来什么方便？

（6）用交互式立体化工具制作立体字时，怎样才能使效果更加逼真？

（7）交互式透明工具对位图起作用吗？使用时怎样调整透明的平滑度？

（8）练习设计制作一张利用交互式造型工具构成的海报作品。

实验 12　Coreldraw 中对象的编辑

实验目的

本实验是针对 Coreldraw 中对象的编辑来展开，通过实验要求学生了解对象是如何被选取的，对对象的几种编辑方法有详细的了解，其中重点掌握对象的修改，掌握多种编辑对象的方法和技巧。

实验预习要点

①对象的多种选取方式；②对象的移动和缩放；③对象的复制与删除；④橡皮擦与刻刀。

实验设备及相关软件(含设备相关功能简介)

微型计算机系统配置包括硬件和软件两部分。

1. 硬件

Win9x/NT/2000/XP，要求内存为 128M 以上，一个 40G 以上硬盘驱动器，真彩彩色显示器。

2. 软件

用 Coreldraw 即可。

实验基本理论

Coreldraw 提供了一系列的工具(和功能命令)用于对对象进行编辑，利用这些工具或命令，用户可以灵活地编辑与修改对象，以满足自己的设计需要。

12.1　对象的操作

在对对象进行编辑的过程中，常常会对刚修改的部分不够满意，需要撤消或恢复上一步操作。这就要用到 Undo[撤消]、Redo[恢复]和 Repeat[重复]命令。

1. Undo(撤消)和 Redo(恢复)命令

(1) 要在工具箱中挑选工具，用鼠标在要选取的对象上单击，即可以选择该对象。

(2) 要执行 Redo(恢复)命令，只需要单击菜单命令 Edit(编辑)/ Redo(恢复)或按快捷健 Ctrl + Shift + Z 即可。

（3）还可以通过常用工具栏中的 ↶ ▾ Undo（撤消）和 ↷ ▾ Redo（恢复）按钮，来撤消一系列的操作。单击按钮右边的向下箭头，在弹出的列表中将显示最近执行的所有操作，选择其中的某一步操作，则可使对象直接恢复到这一步操作之前的外观。

2. Repeat（重复）命令

如果想对一个或多个对象进行同一操作，使它们获得相同的效果，就可以使用 Repeat（重复）命令。使用 Repeat（重复）命令的步骤：

（1）选定需要重复执行上一步操作命令的对象。

（2）单击菜单命令 Edit（编辑）时，会发现 Repeat（重复）命令后面跟随着上一步操作的命令。

（3）单击 Repeat（重复）命令或按快捷健 Ctrl + R 即可。

12.2　对象的选取

在 Coreldraw 中，在编辑一个对象前，首先要选取这个对象。在对象建立时，一般呈选取状态，在对象的周围出现圈选框，圈选框是由 8 个控制手柄组成的。对象中心有个"X"形的中心标记。对象的选取状态如图 12 - 1 左边所示。

当选取多个对象时，可以多个对象共有一个圈选框。多个对象的选取状态如图 12 - 1 右边所示。要取消对象的选取状态，只要在绘图页面的其他位置单击或按键盘上的 Esc 键就可以了。

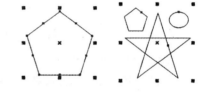

图 12 - 1　对象的选取

1. 用鼠标点选对象

（1）要在工具箱中挑选工具，用鼠标在要选取的对象上单击，即可以选择该对象。

（2）在选取多个对象时，按住键盘上的 Shift 键，在依次选取的对象上连续单击鼠标就可以了。多边形和星形被同时选取的结果如图 12 - 2 所示。

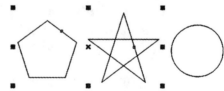

图 12 - 2　选取多个对象

2. 以拖动方式圈选对象

（1）在工具箱中选择挑选工具，在绘图页面中要选取的对象外围单击并拖动鼠标，拖动后会出现一个蓝色的虚线圈选框，在圈选框完全圈选住对象后松开鼠标，被圈选的对象处于选取状态。用圈选的方法可以同时选取一个或多个对象，如图 12 - 3 所示。

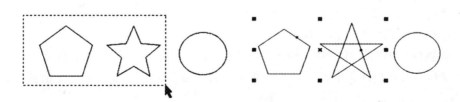

图 12 - 3　拖动选取

（2）在圈选的同时按住键盘上的 Alt 键，蓝色的虚线圈选框接触到对象都将被选取，如图 12 - 4 所示。

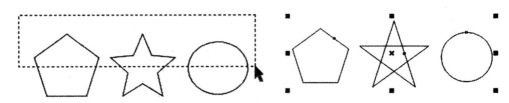

图 12 - 4　Alt 键拖动选取

3．利用绘图工具选取对象

利用矩形工具、椭圆工具、多边形工具、螺旋曲线工具、网格纸工具、预设形状工具也可以选取对象。方法是当中的一种工具被选择后，用鼠标在要选的对象上点击即可。

4．使用菜单命令选取对象

使用键盘上的按键来选取对象有时更方便。

（1）当绘图页面中有多个对象时，按键盘上的空格键，选择挑选工具，连续按键盘上的 Tab 键，可以依次选择下一个对象。

（2）选择挑选工具，按住键盘上的的 Shift 键，再连续按 Tab 键，可以依次选择上一个对象。

（3）选择挑选工具，按住键盘上的 Ctrl 键，用鼠标点选可以选取群组中的单个对象。

12.3　对象的缩放

在 Coreldraw 中我们可以快速而精确地缩放对象，以使设计工作更轻松。

1．使用鼠标缩放对象

（1）选择挑选工具并选取要缩放的对象，对象的周围出现控制手柄。

（2）用鼠标拖动控制手柄可以缩放对象。拖动对角线上的控制手柄可以按比例缩放对象，如图所示。拖动中间的控制手柄可以不规则缩放对象，如图 12 - 5 所示。

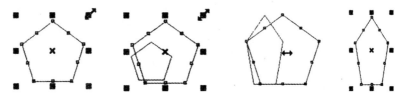

图 12 - 5　鼠标缩放对象

（3）拖动对角线上的控制手柄时，按住键盘上的 Ctrl 键，对象会以 100% 的比例放大。按住键盘上的 Shift + Ctrl 键，对象会以 100% 的比例从中心放大。

当拖动鼠标缩放对象时，在属性栏中，可以观察到对象缩放的位置、数值和百分比。

2．使用自由变换工具属性栏缩放对象

（1）选择挑选工具并选取要缩放的对象，对象的周围出现控制手柄。

（2）选择工具箱中的自由变换工具。

（3）在属性栏中的尺寸框中，输入对象的宽度和高度。如果选择了百分比框中的锁按钮，则宽度和高度将按比例缩放，只要改变宽度和高度中的一个值，另一个值就会自动按比例调整。

（4）在属性栏中调整好宽度和高度后，按下键盘上的 Enter 键，就可以缩放对象了。缩放的效果如图 12 - 6 所示。

图 12 - 6　自由变换工具

12.4　对象的移动

在 Coreldraw 中我们可以快速而精确地移动对象,要移动对象,就要使被移动的对象处于选取状态。

1. 使用工具和键盘移动对象

(1) 选择挑选工具并选取移动对象,对象周围出现控制手柄,如图 12 - 7 所示。

(2) 选择挑选工具或其他的绘图工具,将鼠标的光标移到对象的中心控制点,光标将变为十字箭头形,如图 12 - 7 左边所示,按住鼠标的左

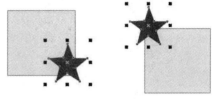

图 12 - 7　鼠标移动对象

键不放,拖动到对象需要的位置,对象的移动就完成了,如图 12 - 7 右边所示。

(3) 选取要移动的对象,用键盘上的方向键可以微调对象的位置,系统使用默认值时,对象将以 0.1 英寸的增量移动。选择挑选工具后不选取任何对象。在框中可以重新设定每次微调移动的距离。

2. 使用属性栏移动对象

(1) 当对象处于选取状态时。选择挑选工具的属性栏会显示相应的数值。

(2) 属性栏的框中,"X"表示对象所在位置的横坐标,在"X"后面的文本框中可以输入对象新位置的横坐标数值。"Y"表示对象所在位置的纵坐标,在"Y"后面的文本框中可以输入对象新位置的纵坐标数值。

(3) 在属性栏框中,如果想将对象移动到新的位置,如横坐标的位置是 130,纵坐标的位置是 100,在"X"后面的文本框中输入 130,在"Y"后面的文本框中输入 100。再按键盘上的 Enter 键就可以了。移动前后的效果如图 12 - 8 所示。

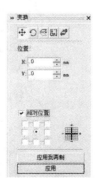

图 12 - 8　属性栏移动对象

12.5 对象的镜像

镜像效果在设计中经常应用，镜像变换可以使对象沿水平、垂直或对角线的方向翻转。

1. 使用鼠标镜像对象

（1）选择挑选工具并选取镜像对象，对象的周围出现控制手柄，如图 12 - 9 左边所示。

（2）按住鼠标左键直接拖动控制手柄到相对的边，直到出现对象的蓝色虚线框，松开鼠标左键就可以得到不规则的镜像对象，如图 12 - 9 右边所示。

（3）按住键盘上的 Ctrl 键，直接拖动左边或右边中间的控制手柄到相对的边，就可以完成保持原对象比例的水平镜像，如图 12 - 10 所示。

图 12 - 9　镜像对象

图 12 - 10　水平镜像

（4）按住键盘上的 Ctrl 键，直接拖动左边或右边中间的控制手柄到相对的边，就可以完成保持原对象比例的垂直镜像，如图 12 - 11 所示。

（5）按住键盘上的 Ctrl 键，直接拖动边角的控制手柄到相对的边，就可以完成保持原对象比例的沿对角线方向的镜像，如图 12 - 12 所示。

（6）在镜像的过程中，只能使对象本身产生镜像。如果要在镜像的位置生成一个对象的复制品。方法很简单，在松开鼠标左键之前按下鼠标右键，就可以在镜像的位置生成一个对象的复制品。

2. 使用属性栏镜像对象

（1）选择挑选工具并选取镜像对象，属性栏会显示相应的数值。

（2）按属性栏中的按钮可以完成对象的镜像，按下水平镜像按钮，可以使对象沿水平方向翻转，按下垂直镜像的按钮，可以使对象沿垂直方向翻转。

图 12 - 11　垂直镜像

图 12 - 12　对角线镜像

12.6   对象的旋转

在 Coreldraw 中我们可以灵活而精确地旋转对象。下面讲解对象旋转的多种方法。

1．使用鼠标旋转对象

（1）选择挑选工具并选取要旋转的对象，对象的周围出现控制手柄。再次单击对象，这时对象的周围出现旋转和倾斜控制手柄，如图 12 – 13 所示。

（2）将鼠标的光标移动到旋转控制手柄上，这时的光标变为旋转符号，按下鼠标左键，拖动鼠标旋转对象，旋转时对象会出现蓝色的虚线框指示旋转方向和角度。旋转到需要的角度后松开鼠标左键就可以了，如图 12 – 14 所示。

图 12 – 13   选取旋转对象   图 12 – 14   旋转对象

（3）对象是围绕中心旋转的，Coreldraw 默认的旋转中心是对象的中心点，我们可以通过改变旋转中心来使对象旋转到新的位置。方法很简单，将鼠标移动到旋转中心上，按下鼠标左键拖动旋转中心到需要的位置后，松开鼠标就可以了。

2．使用自由变换工具旋转对象

选择工具箱中的 自由变换工具，单击属性栏中的旋转按钮，在属性栏中设定旋转对象的数值或用鼠标拖动对象都能产生旋转效果。

3．使用属性栏旋转对象

（1）当对象处于选取状态时，挑选工具的属性栏会显示相应的数值。

（2）在属性栏的框中，输入旋转的角度，按键盘上的 Enter 键，就可以旋转对象了。

12.7   对象的倾斜变形

1．使用鼠标倾斜变形对象

（1）选择挑选工具并选取要倾斜变形的对象，对象周围出现控制手柄。再次单击对象，这时对象的周围出现旋转和倾斜控制手柄。

（2）将鼠标的光标移动到倾斜控制手柄上，这时的光标变为倾斜符号。按下鼠标左键，拖动鼠标旋转对象，倾斜变形时对象会出现蓝色的虚线框指示倾斜变形方向和角度。倾斜到需要的角度后松开鼠标左键就可以了，如图 12 – 15 所示。

2．使用自由变换工具倾斜变形对象

图 12 – 15   倾斜变形对象

选择工具箱中的自由变换工具，单击属性栏中的 倾斜按钮，在属性栏中设定倾斜变形对象的数值或用鼠标拖动对象都能产生倾斜变形的效果。

3．使用变换泊坞窗倾斜变形对象

（1）挑选工具并选取倾斜变形对象，对象周围出现控制手柄。

（2）选择窗口菜单下的泊坞窗，在它的子菜单中选择变换子菜单下的 旋转命令，将弹出变换泊坞窗。或在已打开的变换泊坞窗中单击旋转按钮，在变换泊坞窗中设定倾斜变形对象的数值，单击应用按钮，产生倾斜变形效果。

12.8　复制对象

在 Coreldraw 中我们可以采取多种方法复制对象。下面就介绍对象复制的多种方法。

1．使用菜单命令复制对象

（1）使用挑选工具并选取要复制的对象，对象的周围出现控制手柄。

（2）选择编辑菜单下的复制命令或按键盘上的 Ctrl + C 键，对象的副本被复制在剪贴板上。

（3）选择编辑菜单下的粘贴命令或按键盘上的 Ctrl + V 键，对象的副本将被粘贴到要复制对象的下面，位置和复制的对象是相同的。用鼠标移动对象，就可以找到复制的对象。

（4）选择编辑菜单下的剪切命令或按键盘上的 Ctrl + X 键，对象将从绘图页面中删除并被放置在剪贴板上。

2．使用常用工具栏复制对象

我们可以使用工具栏中的复制按钮和粘贴按钮复制对象。选择挑选工具并选取要复制的对象，对象周围出现控制手柄。单击复制按钮将对象放到剪贴板中，再单击粘贴按钮完成对象的复制。

3．使用鼠标拖动方式复制对象

（1）选择挑选工具并选取要复制的对象，对象的周围出现控制手柄。将鼠标光标移动到对象的中心点上，光标变为移动光标。

（2）按住鼠标左键拖动对象到需要的位置。在位置合适后单击鼠标右键，对象复制就完成了。

（3）选择挑选工具并选取要复制的对象，直接用鼠标右键拖动对象到需要的位置，松开鼠标后将弹出对话框，选择复制到此后，对象的复制就完成了。

（4）我们也可以在两个不同的绘图页面中复制对象，使用鼠标左键拖动其中一个绘图页面中的对象到另一个绘图页面中，松开鼠标左键前单击右键就可以了。

4．使用菜单命令再制的对象

（1）选择挑选工具并选取要再制的对象，对象的周围出现控制手柄，如图 12 - 16 所示。

（2）选择编辑菜单下的再制命令或按键盘上的 Ctrl + D 键，再制的对象将出现在原对象的右上方，如图 12 - 17 所示。再制的对象与原对象没有联系，是完全独立的对象。

（3）如果重新设定再制的位置和角度，当执行下一次再制命令时，再制的对象与原对象的位置和角度将成为新的默认数值。先使一个对象处于旋转的状态，再将对象的旋转中心设定。点按键盘上的"＋"按钮，将对象再制一个，再制对象的位置和原对象的位置相同，再将属性栏中的旋转角度设定为60°，点按键盘上的 Enter 按钮，按住键盘上的 Ctrl 键，再连续点按键盘上的 D 键，连续再制对象的效果如图 12 - 18 所示。

图 12－16　选择对象　　　　图 12－17　再制对象　　　　图 12－18　连续再制对象

12.9　删除对象

在 Coreldraw 中删除对象的方法很简单。下面,我们就来讲如何删除不需要的对象。

1. 对象的删除方法

(1) 选择挑选工具并选取要删除的对象,对象的周围出现控制手柄。

(2) 选择编辑菜单下的删除命令或点按键盘上的 Delete 键,如图所示就可以将选取的对象删除。

如果想删除多个或全部的对象,首先要选取这些对象,再执行删除命令或按键盘上的 Delete 键。

2. 撤销和恢复对对象的操作

在进行设计的过程中,可能会出现错误的操作。下面介绍如何撤销和恢复对象。

(1) 撤销对对象的操作

选择编辑菜单下的撤销命令或键盘上的 Ctrl + Z 键,可以撤销上一次的操作。单击常用工具栏中的撤销按钮,也可以撤销上一次的操作。单击撤销按钮右侧的按钮,将弹出一个下拉列表,在下拉列表中可以对多个操作步骤进行撤销。

(2) 恢复对对象的操作

选择编辑菜单下的恢复命令或者按键盘上的 Ctrl + Shift + Z 键,可以恢复上一次的操作。单击常用工具栏中的恢复按钮,也可以恢复上一次操作。单击恢复按钮右侧的按钮,将弹出下拉列表,在下拉列表中可以对上一次操作步骤进行恢复。

12.10　使用橡皮擦和刻刀工具

使用橡皮擦工具和刻刀工具可以改变、分割选定的对象或路径,而不必使用。

1. 橡皮擦工具

使用该工具在对象上拖动,可以擦去对象内部的一些图形,而且对象中被破坏的路径,会自动封闭路径。处理后的图形对象和处理前具有同样的属性。

使用橡皮擦工具的方法如下:

(1) 使用选取工具选定需要处理的图形对象。

(2) 从工具箱中选择橡皮擦工具。

(3) 此时鼠标光标变成了橡皮擦形状,拖动鼠标即可擦除拖动路径上的图形,如图 12－19。

图 12－19　使用橡皮擦工具的效果

2. 刻刀工具

使用刻刀工具可以将对象分割成多个部分,但是不会使对象的任何一部分消失。具体操作步骤如下:

（1）在工具箱中选中 Knife Tool（刻刀工具），此时鼠标光标变成了刻刀形状。

（2）在属性栏中选择  按钮，可以将对象切割成相互独立的曲线，且原有的填充效果将消失。

（3）将鼠标移动到图形对象的轮廓线上，分别在不同的截断点位置单击。

（4）此时可看到图形被截断成了两条非封闭的曲线，且原有的填充效果消失。

（5）在属性栏中选择 按钮，可以将被切断后的对象自动生成封闭曲线，并保留填充属性。

（6）将鼠标移动到图形对象的轮廓线上，分别在不同的截断点位置单击，此时看到图形被截断成两个各自封闭的曲线对象。

图 12－20　刻刀工具

（7）我们也可以用拖动的方式来切割对象，不过这种方法在切割处会产生许多多余的节点，并且得到不规则的截断面。

（8）如果在属性栏中同时按下 和 按钮，则可将该对象生成为一个多路径的对象。

实验内容与步骤

盆　花

（1）使用图形工具绘制两个椭圆，一个套一个。开启"安排"下拉菜单，引出"转换成曲线"选项。分别将两个椭圆转化成可编辑的曲线。另一种更快的方法是选择属性列上的"转换成曲线"按钮，实现转换效果。

（2）在已转换的对象上加入足够多的新节点，以便制作出如图 12－21 中所示的花瓣对象。这里要注意的是：新添加的节点应在节点属性列中清除尖凸效果，以便花瓣的修饰调节。

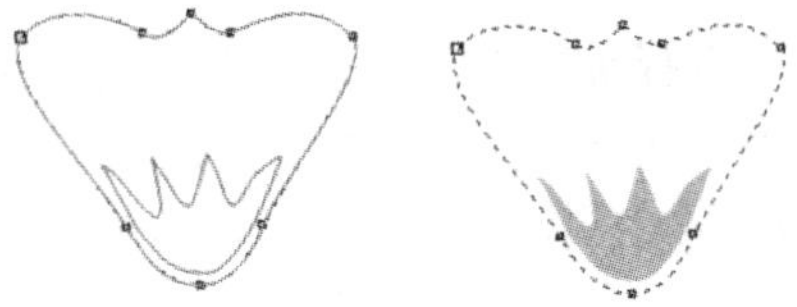

图 12－21　制作花瓣

（3）为较大的花瓣填入白色，将较小的花瓣着为紫色，见图 12－22。圈选两个对象，将调和层级设为 20，调和两个对象见图 12－23。

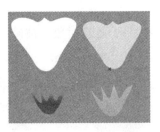

图 12－22　填充调和对象

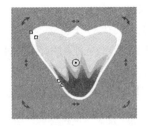

图 12－23　进一步调和对象

（4）点击调和好的花瓣，将其旋转中心点移至其底部，在"安排"下拉菜单中选取"变形"选项，引出"旋转"设置对话窗。

将旋转角度设为 36 度，连续点击"再制到物件"按钮 5 次创建一个花朵。

（5）使用圆形工具绘制一个小圆形，并以由紫到白的射线填充方式为其着色。将其置于花的中心，如图 12 - 24。

（6）选取所有的花瓣和渐变填充的小圆并群组它们。这样一来我们可得到一朵简单而有趣的花，如图 12 - 25。

（7）下面我们在单花的基础上，再造出三束花和一个盛花的花盆，如图 12 - 26。

图 12 - 24   制作花的中心

图 12 - 25   群组花瓣

图 12 - 26   最后效果

实验注意事项

（1）用鼠标点击对象的不同次数，可以决定要进行什么样的对象操作。用挑选工具点一次可以进行放缩与移动操作；再点一次可以进行倾斜与旋转的操作。还有鼠标放在对象的中心或者四周操作的结果也是不同的，操作的时候需要头脑冷静，避免错误操作。

（2）变换窗口同样可以进行移动、旋转、镜像、放缩、倾斜的操作，并且有精确的参数控制，需要去仔细研究。但是通常情况下，可以用更简便的方式进行操作，避免不必要的麻烦。

实验常见问题与操作技巧解答

（1）Coreldraw 的复制方法有几种？

答：①快捷键 Ctrl + C，Ctrl + V，（菜单中的复制粘贴）；②再制（Ctrl + D）；③仿制；④用鼠标拖动时按下右键；⑤按"＋"号键；⑥利用"变形"泊坞窗中的"应用至再制物件"按钮；⑦鼠标拖动时按下空格键，也可以复制。

（2）在 Coreldraw 中平移式复制和旋转式复制是怎么操作的？

答：可以按 Alt + F9（F10），也可按住 Ctrl，移动物体，在不松开左键的前提下按一下右键，可以得到平移复制；在旋转时，在不松开左键的前提下按一下右键，旋转复制好了。

（3）为何在 Coreldraw 里画一个矩形，改变其大小时，原来未改变的矩形还在？如果改变其大小就会变成两个矩形？

答：把属性栏右击菜单→变形→应用至再制物件取消就行了。

实验报告

将课堂实验完成的设计作品"盆花"存储为 CDR 格式文件，发送到教师机。

思考与练习

（1）怎样进行重复和撤销操作？

（2）说出对象选取的几种方式。

（3）如何进行移动、复制和镜像操作？

（4）练习使用菜单命令再制对象的方法制作表盘。

（5）练习设计制作花坛的图案。

实验 13　Coreldraw 的文本处理

实验目的

本试验是针对 Coreldraw10 中文本的编辑来展开的,通过试验要求学生了解文本是如何被编辑的,对文本和段落文本的几种编辑方法有详细的了解,其中重点掌握段落文本的编辑,掌握多种文本编辑的方法和技巧。

实验预习要点

①文本的编辑方法;②段落文本的编辑方法;③段落文本的图文混排;④图文创作。

实验设备及相关软件(含设备相关功能简介)

微型计算机系统配置包括硬件和软件两部分。

1. 硬件

Win9x/NT/2000/XP,要求内存为 128M 以上,一个 40G 以上硬盘驱动器,真彩彩色显示器。

2. 软件

用 Coreldraw 即可。

实验基本理论

13.1　美术字的编辑

美术字实际上是指单个的文字对象。由于它是作为一个单独的图形对象来使用的,因此可以使用各种处理图形的方法对它们进行编辑处理。

使用键盘输入是添加美术字最常用的方法之一,操作步骤如下:

(1) 在工具箱中,选中 📖 (文本工具)或按快捷键 F8。

(2) 然后在绘图页面中适当的位置单击鼠标,就会出现闪动的插入光标。

(3) 即可通过键盘直接输入美术字如图 13 - 1。

图 13 - 1　输入文字

(4) 在输入美术字时,可以方便地设置输入文本的相关属性。

(5) 使用选取工具选定已输入的文本,即可看到文本工具的属性栏。该属性栏的设置选项非常简单,与常用的字处理软件中的字体格式设置选项类似,如图 13 - 2 所示。

(6) 使用 🖎 (形状工具)选中文本时,文本处于节点编辑状态,每一个字符左下角的空心

图 13-2　文本工具属性栏

矩形框(选中时为实心矩形)为该字符的节点。拖动字符节点,即可将该字符移动,如图 13-3。

(7) 使用形状工具,按住 Shift 键,以加选的方式选中多个节点后,拖动节点即可以同时移动多个文本。

(8) 通过对属性栏中各项参数的设置,可以得到美术字的各种效果如图 13-4。

图 13-3　移动字符

图 13-4　各种效果的美术字

13.2　段落文本的编辑

段落文本是建立在美术字模式的基础上的大块区域的文本。对段落文本可以使用 Coreldraw 所具备的编辑排版功能来进行处理。

1. 添加段落文本的操作步骤

(1) 在工具箱中选定 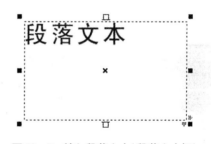（文本工具）。

(2) 在绘图页面中适当位置按住鼠标左键后拖动,就会画出一个虚线矩形框和闪动的插入光标。

(3) 在虚线框中可直接输入段落文本如图13-5。

图 13-5　输入段落文本(段落文本框)

对于在其他的文字处理软件中已经编辑好的文本,只需要将其复制到 Windows 的剪贴板中,然后在 Coreldraw 的绘图页面中插入光标或段落文本框,按下 Ctrl + V键(粘贴)即可复制文本。

用于美术字编辑的许多选项都适用于段落文本的编辑,包括字体设置、应用粗斜体、排列对齐、添加下划线等。下面将介绍专用于段落文本编辑的一些选项如图 13-6。

图 13-6　段落文本编辑属性栏

2. 编辑段落文本的操作方法

(1) 将需要编辑的文本复制到 Coreldraw 的段落文本框中。

(2) 选定或将光标移动到需要编辑的段落。

(3) 单击 （减少缩进量）或 （增加缩进量）按钮,可以使选定的段落文本整段向左或向右缩进如图 13-7。

(4) 单击 （项目符号）按钮,可在选定的段落文本前添加项目符号标记。

（5）删除需要编辑段落首行的两个空位符，单击 ▦ （首字下沉）按钮，可以使选定的段落文本的首行的第一个字符放大并下沉，如图 13 – 8。

图 13 – 7　调整段落文本的缩进量

图 13 – 8　设置首字下沉效果

3. 在 Coreldraw 中，不但能将符号库中的特殊符号插入到文本中与文本混排，还能将其他的图标及图形对象，插入到段落文本中与文本混排。完成图文混排，可以按照以下的步骤进行：

（1）新建或调入段落文本。

（2）单击"文件"/"导入"菜单命令，打开"导入"对话框。

图 13 – 9　导入图形

（3）选定要输入图形，并将其拖动到绘图页面中适当位置，此时可以看到图形所在位置的文本部分被覆盖着，如图 13 – 9。

（4）使用选取工具选定该图形后单击右键，在弹出的快捷菜单中选择"环绕段落文本"命令，即可完成图文混排。此时可以看到，文本环绕在图形四周如图 13 – 10。

使用选取工具选定该图形后，在其属性栏中单击 ▦ （环绕段落文本）按钮，在其弹出的环绕类型列选

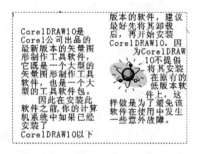

图 13 – 10　图文混排后的效果

框中，选择相应的环绕类型，会产生不同的图文混排效果。调整 ▦ 增量框中的数值，可以改变环绕时文本与图形之间的间隔距离，如图 13 – 11。

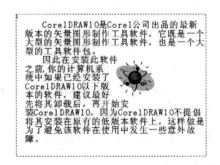

图 13 – 11　不同的环绕类型效果

实验内容与步骤

用 Coreldraw 制作自己的贺卡

制作贺卡，涉及到背景的添加及段落文本的编辑知识，具体操作步骤如下：
（1）建立空白图档并导入背景图片，如图 13 – 12 所示。

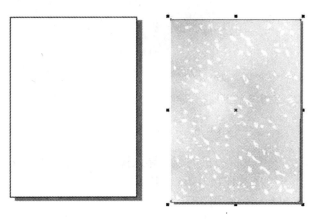

图 13 – 12   导入背景图片

（2）制作导入必要的图片素材文件并移动到适当的位置如图 13 – 13。

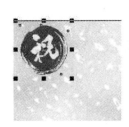

图 13 – 13   移动素材文件

（3）使用段落文本工具粘贴事先写好的节日祝词，并调整位置与文字属性，如图 13 – 14。

（4）使用选取工具选定导入图形后选择混排快捷按钮 🖻 ，并选择混排种类，即可完成图文混排。经过进一步调整，文本环绕在图形四周，如图 13 – 15。

（5）制作或者导入修饰图案丰富画面，完成，最后效果如图 13 – 16。

图 13 – 14   粘贴文本

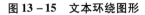

图 13－15　文本环绕图形　　　　　　图 13－16　最后完成效果

实验注意事项

（1）在进行段落文本的图文混排的时候，导入图片要注意图片格式，有些格式的图片是不适合进行图文混排的（例如：JPEG、BMP、GIF 格式等），所以在导入图片时，要注意选择。在素材库中，WMF 格式图片比较常用。

（2）制作卡片时，会用到很多图片与段落文本，如果操作、导入的次序不当，会把很多时间浪费在排列顺序上面。为了操作方便，不妨在纸上设计好草图，哪个在前，哪个在后，然后再进行操作，这样会节省不少的时间。

实验常见问题与操作技巧解答

（1）把 Word 中的字复制粘贴到 Coreldraw 中以后，会发生引号全角变成半角的现象，请问有什么解决方法吗？

答：使用编辑中的查找与替换功能即可。

（2）在 Coreldraw 中怎样修改已组群的文字？

答：重新解散群组即可。

（3）如何在曲线框的文字里插入图片？

答：文字转曲线之后便不再是文字，所以无法插入图片。

（4）Coreldraw 里的文字不能加粗吗？只有用轮廓加粗吗？

答：轮廓加粗只支持部分英文，汉字只能用轮廓加粗。

实验报告

将课堂实验完成的设计作品"我的贺卡"存储为 CDR 格式文件，发送到教师机。

思考与练习

（1）如何编排美术字？

（2）如何进行首字下沉的操作？

（3）说出图文混排的种类有哪几种，分别是什么？

（4）练习制作个人名片。

（5）练习设计制作新年贺卡。

实验 14　Coreldraw 中位图的效果处理

实验目的

Coreldraw 是一个矢量图绘制软件，位图效果处理是 Coreldraw 软件将矢量图转换为位图进行效果处理的程序，通过对位图色彩调整、裁切和滤镜效果的实验，使学生对具体使用操作有详细的了解，熟悉 Coreldraw 软件中矢量图与位图的转换以及位图的效果处理，制作出好的设计作品。

实验预习要点

① 效果菜单命令；②位图菜单命令。

实验设备及相关软件（含设备相关功能简介）

1. 运行环境

Win9x/NT/2000/XP，要求内存为 128M 以上，一个 40G 以上硬盘驱动器，真彩彩色显示器。

2. 软件

用 Coreldraw 即可。

实验基本理论

14.1　关于矢量图和位图

矢量图与位图是两种构成方式不同的图形，矢量图是依靠线段的长度、宽度来放大缩小的，无论放大还是缩小，都不会影响图形的精度（清晰度），所绘制的物件是一个图形，通过对线条上节点的调整实现形体的变化，可以很方便地更改图形颜色和背景。

位图是以点阵形式排列而成的，所绘制的物件是图片，以每一英寸中点的多少来衡量图片的精度（清晰度），放大或缩小时由于每英寸里点的数量发生了变化，所以会影响图片的清晰度。并且不能随便更改图的外形和颜色，如果要改变颜色，只能通过色彩的构成因素，将某种色彩增加或减弱从而改变图片的颜色。

在 Coreldraw 中绘制的图形是矢量图形，Coreldraw 中处理的位图有三个来源：一是从其

183

他绘图软件如 Photoshop 等软件中输入的，二是通过扫描仪和数码设备输入进来的，第三个来源是由矢量图转换而成的，这些输入进来的图片在设计和编排时需要提亮、加深、单色处理或者做一些效果，为此 Coreldraw 设计了效果菜单和位图菜单，专门针对位图进行处理，不用转到 Photoshop 中就可以做到和 Photoshop 相同的效果，节省了编辑时间，方便灵活，深受国内外平面设计者的喜欢。

14.2　Coreldraw 软件中位图的变换处理

1. 不同的视觉模式对位图视觉效果的影响

在绘图过程中，改变位图的视觉模式可以影响到视图的外观。在视图查看菜单中提供了五种视图模式，可以显示不同的视觉效果，如图 14－1 所示。

（1）简单线框和线框模式　在这两种模式下显示的情况都是灰度，采用这种模式显示可以使电脑屏幕的刷新频率变快，提高制作的速度，也可以使被图片覆盖住的文字和对象显示出来，便于选取和发现隐藏的对象。

（2）草稿模式　这种模式下，图片的解析度（清晰度）低，但屏幕的刷新率较高，当文件很大，画面需要快速更新时，这种模式既可以看清图片又能提高速度，比较方便。

（3）正常模式　一般情况下我们都使用这种模式，颜色显示比较真实，图片的解析度很正常。

（4）增强模式　这种模式使图片的解析度（清晰度）能够得到提高，显示效果很好，但屏幕的刷新频率会降低。在需要细致查看细节时比较适合这种模式。

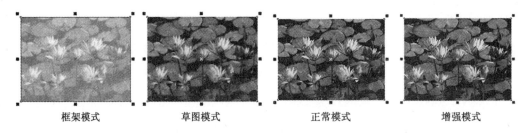

框架模式　　　　草图模式　　　　正常模式　　　　增强模式

图 14－1　不同的位图模式

2. Coreldraw 中矢量图对位图的转换

Coreldraw 中所画的图形都是矢量图，将矢量图转化成位图，可以降低图形的复杂程度，特别是使用大量效果的图形，转换成位图后，操作起来比较简单，屏幕的刷新频率也会得到提高，更主要的是可保证打印的真实性，不会造成打印错误。

具体转换步骤和方法：

（1）用 工具选取矢量图。

（2）选择位图/转换成位图，进入转换位图对话框，如图 14－2。

（3）首先对位图的模式进行设置，如果需要转换成彩色，一般选择 CMYK 模式（印刷模式）或 RGB 模式（视频模式），如果需要转换成黑白图片，不需要灰度层次的就选择黑白模式，需要保留层次的就

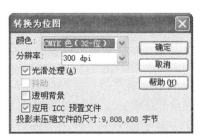

图 14－2　位图转换对话框

选择灰度模式。

（4）对位图的分辨率进行设置，分辨率越高，图片的清晰度就越好，但文件所占的空间也越大，会影响电脑的运行速度，一般情况下设置为 300dpi。

（5）选择光滑处理，也称去锯齿处理，就是使图片变得光滑，视觉效果好一些，如图 14 – 3。

（6）选择透明背景，可使图片没有背景，保持原有的矢量图的透明状况，否则，转换成位图后图片就有一个白色的背景，如图 14 – 4。

不选择光滑处理   选择光滑处理   选择透明背景   没有透明背景

图 14 – 3   转换过程中光滑的选择效果   图 14 – 4   透明背景的设置

14.3   位图的模式

在 Coreldraw 中，根据不同的需求，采用不同的方式对位图的颜色进行分类和显示，控制文件的大小和视觉的外观质量。在位图/模式菜单下，共有七种色彩模式，这些模式根据需要可以相互转换。其中黑白模式和灰度模式都是无彩色的，二者虽然都是黑白显示，但文件质量有很大的区别，黑白模式的图像只有黑白两个层次，没有过渡层次；灰度模式图像显示非常细腻，黑白灰之间的过渡层次分明。除此之外，其余五种模式都是彩色的，但我们常用的只有 RGB 模式和 CMYK 模式，其中 RGB 模式是屏幕显示模式，在视频上看起来很舒服，通常我们做网页时用这个模式显示，CMYK 模式是印刷模式，当你制作的作品需要印刷时，需要将图像转换成这种模式，因为它比较符合印刷油墨混合的规律，印刷出来比较接近屏幕所见的颜色。

14.4   位图的缩放、旋转与修剪

1. 位图的缩放与旋转

（1）缩放。缩放分精确缩放和缩放两种，缩放的具体操作方法是：先用选取工具 ▣ 选取位图，位图四周出现八个黑色小方块，将光标移到小黑方块上，光标变成双向箭头时，就可以进行缩放，将光标移到四角上时，可实现等比缩放，移到中间的小方块上时可以缩放宽度和高度。在对图片的尺寸要求不是很严格的情况下，采用这种方式非常方便、快捷。

精确缩放可以非常精确地设定图片的尺寸，特别是有很多图片时，随意地缩放可能造成编排不整齐。具体操作方法是：先选取位图，在属性栏上直接输入要求的尺寸，如果是等比缩放，可以将后面的锁锁上，输入其中一个数值，另一个会随之而改变。此外，也可以直接输入缩放的百分比，达到缩放目的。

具体操作技巧：缩放的同时按住"Shift"键，可实现从四周向中心等比缩放，做同心圆、同心矩形时可采用这种方法。如果多个位图按同一比例进行缩放，只需选中物体，操作快捷键 Ctrl + R 就能一步到位。

（2）旋转。旋转也分精确旋转和手动旋转两种，精确旋转主要是通过属性栏进行设定，直接输入要旋转的角度，按 Enter 键就可以实现。

手动旋转相对精确旋转而言要随意一些，也方便一些，根据自己的感觉可以随意地旋转。具体的操作方法是：用选取工具 选取位图，位图四周出现八个黑色小方块时再点击鼠标，小方块变成双向箭头，将鼠标移到双向箭头上，拖动四角上的箭头，可以围绕中心点进行旋转。拖动每条边中间的箭头，可以对位图进行倾斜变形。

具体操作技巧：由于要围绕位图的中心点旋转，当中心点移出画外后，图形依然围绕中心点旋转，因此，设计时如果要使画面围成一个圆形，可以采用这种方法，如图 14-5。

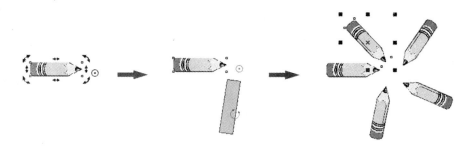

图 14-5　位图的旋转

2. 位图的修剪

Coreldraw 中的位图可以裁切成任意形状，具体裁切方式有两种：随意裁切和精确裁切。无论哪一种裁切，都是将多余的部分去掉，而裁切掉的对象还可以重新编辑调整，直到满意为止。

（1）裁切。裁切是直接利用形状工具 的节点进行裁切，可以裁成任意形状，具体操作方法如下，见图 14-6。

①用工具栏中形状工具 选择要裁切的位图，这时图片上出现轮廓线框。

②用鼠标选中轮廓线上的节点并向要保留的位置拖动节点，将要裁切部分去掉。

③图片的轮廓线都是方形的，如果要裁切成异形，则要利用形状工具属性栏上的添加或删除节点来实现。

④以此方法，可以将图片切成需要的模样。

图 14-6　位图的剪切

（2）精确裁切。位图的精确裁切主要依靠具体的形状，比如星形、圆形、梯形、多边形以及自己手绘的任意形状，将这些形状与效果菜单下的精确裁剪命令相结合，就可以实现裁切的目标。具体操作方法是：

①选择文件菜单/导入，导入一张位图。

②在工具栏中选择多边形工具 ⬡ ，在属性栏上将边数设定为5。

③选择形状工具 ，将鼠标移动到其中一条线的中心点上，按下鼠标并朝多边形中心点拖动，使多边形成为星形。

④用选择工具 选中位图，接着点选效果菜单/精确裁切/放置在容器中，出现一个黑色的箭头 ➡ ，将箭头对准星形，按下鼠标左键，图片便被切成了星形，图14－7是精确裁切过程图。

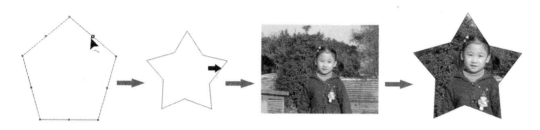

图14－7　位图的精确裁剪

⑤利用这种方式裁剪的图片，不一定就能一次到位，如果需要调整裁切的图片，可以选中对象后点击鼠标右键，出现一组命令，选择编辑内容，图片还原后与星形叠加在一起，如图14－8，或者利用菜单命令来进行调整，具体操作方法是效果/精确剪裁/编辑内容。

⑥将图片移动到最佳位置，点击鼠标右键，选择完成编辑这一级命令，或者选择效果/精确剪裁/完成编辑这一级，完成调整。

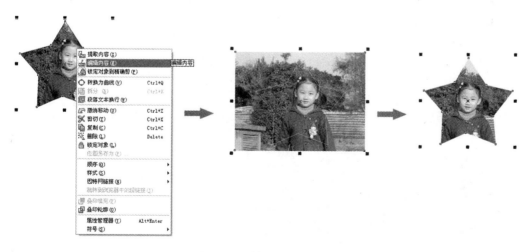

图14－8　精确裁剪的调整

已经裁切的图片，如果要还原，采用形状剪切的图形，还原时只需删除节点；采用精确裁剪的图片，还原时可以点击鼠标右键选择提取内容命令，也可以选择效果/精确剪裁/提取内容，使外形与图片分离。

14.5 对位图的色彩调整

对位图的调整主要集中在效果菜单，主要是对位图的色彩进行局部或整体的调整、变换和校正(如图 14 – 9)。

调整菜单有很多子菜单，有高反差、局部平衡、取样/目标平衡、调合曲线、自动平衡、亮度/对比度/强度、颜色平衡、伽玛值、色度/饱和度/光度、所选颜色、替换颜色、取消饱和和通道混合器，见图 14 – 10。主要功能是用来调整图片色彩的色相、明度、纯度、色彩层次和替换颜色。

图 14 – 9　效果菜单

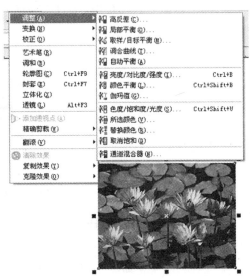

图 14 – 10　位图调整子菜单

1. 色彩调整

(1) 高反差。高反差就是增强图片的对比度，通过最深与最亮的两个吸管在画面上吸取颜色，设定画面中最深与最亮的部位，得出一种新的画面感觉如图 14 – 11 所示。

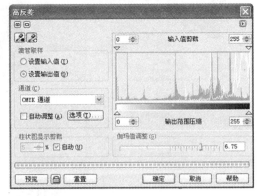

图 14 – 11　高反差效果

(2) 局部平衡。局部平衡是通过构成位图的各个像素点色彩之间在宽度、亮度的平衡，来促成整个画面的效果平衡，通过调整像素点宽度和亮度的数值得以实现，如图 14 – 12 所示。

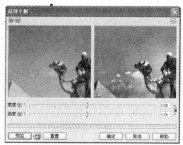

图 14 – 12　局部平衡效果

（3）取样/目标平衡。使用取样/目标平衡命令，能将作为样本的图像中选用的样本颜色替换为重新设定的目标颜色，在对话框中，有暗调、中间色、高光三个吸管，分别用它们在左边的预览框中吸取颜色作为样本，再单击旁边的目标色块，在选择颜色对话框中选取颜色作为目标颜色，单击预览按钮，就可以看到目标效果，不行则选择重置，重新进行设置，如图 14 – 13。

样本

目标

图 14 – 13　取样/目标平衡效果

（4）调合曲线。选择不同的曲线模式结合通道进行调整，既可以调整全图的色彩、明度和对比度，也可以调整单一的色彩通道，具体效果如图 14 – 14 所示。

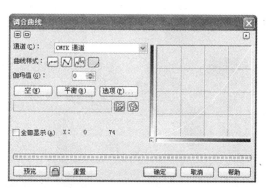

图 14 – 14　调和曲线效果

（5）自动平衡。自动平衡是根据系统默认的颜色来进行调整，它能将画面的层次显露出来，把偏差较大的色彩自动进行校正，如图14－15。当电脑屏幕不是特别准或者自己不能把握色彩时，用自动平衡命令能够让人信服。

自动平衡前　　　　　　　　　　　　　自动平衡后

图14－15　自动平衡效果比较

（6）亮度/对比度/强度。可以对图像中高光到暗调之间的所有颜色进行亮度调节，具体操作如图14－16所示。

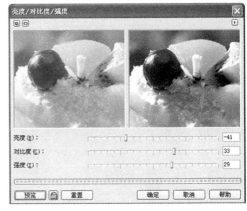

调整前　　　　　　　　　调整后

图14－16　高度/对比度/强度效果调整比较

（7）颜色平衡。可以通过对阴影、中间色调、高光、亮度添加和减弱通道中的颜色，达到色彩的最佳视觉平衡效果，如图14－17所示。

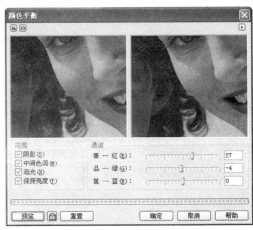

调整前　　　　　　　　　调整后

图14－17　色彩调整效果比较

（8）伽玛值。利用伽玛值可以提高选中图片中除高光和阴影以外的其他细节部分的对比度，使图片更加真实，如图 14-18 所示。

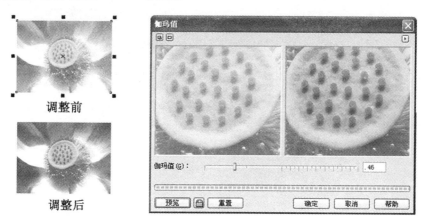

图 14-18   伽玛值调整效果比较

（9）色度/饱和度/光度。通过色度/饱和度/光度功能选项，主要是对色彩的调整，可以对选中的图像中的全图或者红黄绿青蓝品和灰度进行色相、饱和度、亮度进行调整，使图片的颜色更加鲜明，如图 14-19 所示。

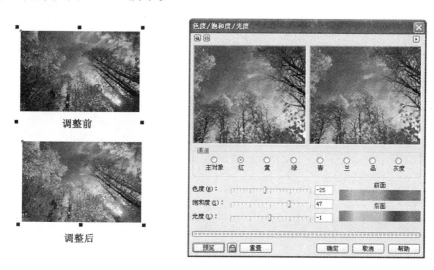

图 14-19   色度/饱和度/光度调整效果比较

（10）所选颜色。这个选项可以将颜色谱里的红黄绿青蓝品这些颜色在画面中进行减弱和加强，这种加强和减弱可以是绝对的也可以是相对的，可以对灰度层次、中间色调和高光部的色彩进行调整，如图 14-20 所示。

（11）替换颜色。通过替换颜色对话框，可以非常方便地更改图片的颜色，操作时先用吸管在画面上吸取需要替换的颜色或直接在颜色盘中选择画面中接近的某种颜色，再选择一种新颜色，点击预览，看看画面效果如何，不行就通过色度、饱和度、光度和色彩替换范围进行调整，再次预览，直到满意为止，如图 14-21 所示。

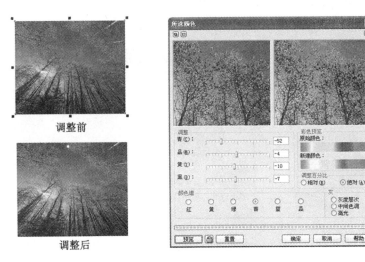

图 14 - 20　所选颜色调整效果比较

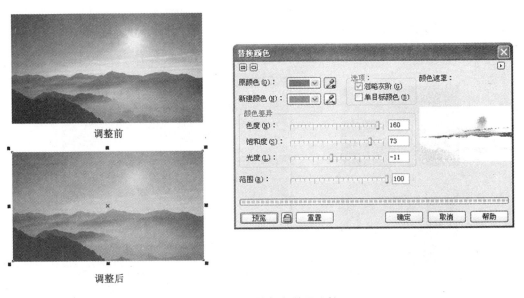

图 14 - 21　替换颜色效果比较

（12）取消饱和。取消饱和就是将画面中的色彩全部去掉，变成灰度图像，如图 14 - 22 所示。

取消饱和前　　　　　　　　　　　　　　　　取消饱和后

图 14 - 22　取消饱和调整效果比较

（13）通道混合器。与 Photoshop 中的图像运算非常相似，也是利用不同的色彩模式的全部通道与某一个通道进行叠加和减弱，产生一种新的图片色彩，如图 14 - 23 所示。

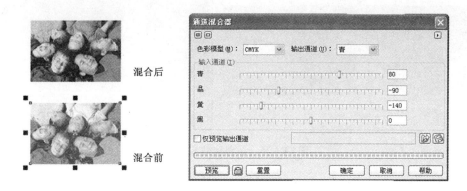

图 14 - 23　通道混合器调整效果比较

2. 变换位图效果

（1）逐行去除交叉线。利用图片的像素构成形式进行奇数行和偶数行的扫描，对扫描到的交叉线进行错位处理，并用复制或插补的形式进行补充，使其呈现出特殊的不平滑的视觉效果，如图 14 - 24 所示。

（2）反显。使用反显命令，可以将选中图片中的色彩变成互补色显示，比如，蓝色变成橙色，黑色变成白色，绿色变成红色等，如图 14 - 25 所示。连续两次使用该命令，可以使图像还原。

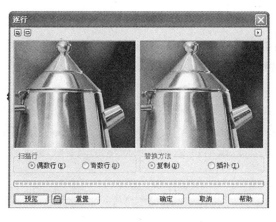

图 14 - 24　逐行去除交叉线效果

图 14 - 25　反显效果比较

（3）极色化。主要用来指定图像色彩通道中的级数，将不同的像素影射成最接近的色调来显示，从而简化了颜色的数量，呈现出特殊效果，层次越少，画面色彩的过渡越分明，层次越多，画面颜色的过渡越自然，如图 14 - 26 所示。

3. 色彩蒙尘与划痕的校正

色彩蒙尘与划痕的校正通过对话框中阈值和半径大小的设置，可以去除图片上的脏点、灰尘等微小颗粒以及划痕，使图片显得干净整洁，如图 14 - 27 所示。但这种设置会影响图片的清晰度，一般数值不要设置太大，对于太大的划痕，最好用 Photoshop 的图章工具进行修补。

图 14 – 26　极色化效果比较

图 14 – 27　色彩蒙尘与划痕效果

14.6　位图颜色遮罩

在设计制作的过程中，对于一些图片，需要去除底色或者只显示某种颜色，这时，我们使用位图颜色遮罩效果可以非常容易地做到。它可以显示和隐藏位图中的一种、多种颜色或与这些相近的颜色。具体操作方法是：先选取一张图片，再选择位图/位图颜色遮罩。在其对话框中，选取隐藏颜色或显示颜色按钮，点击色条，再选中吸管工具，将光标拖移到图片上，吸取要隐藏或显示的颜色，拖动容限滑块，点击"应用"按钮，就可以达到预期的效果。当容限设值为零时，只能隐藏或显示单一的颜色没有问题，容限设值越大，隐藏或显示的颜色范围就越大。效果如图 14 – 28 所示。

使用前

使用后

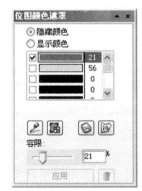

图 14 – 28　位图颜色遮罩效果

14.7　滤镜的应用

Coreldraw 里面带有 80 多种不同的特性效果滤镜,这些滤镜与其他专业位图处理软件相比毫不逊色,而且系统还支持第三方提供的滤镜(外挂滤镜),图 14-29 是 Coreldraw 中的滤镜菜单命令,每一个滤镜菜单后又有若干个子滤镜。

位图滤镜的使用是位图处理中最具魅力的,它可以迅速改变位图对象的外观效果。虽然滤镜的种类繁多,但添加滤镜效果的操作却非常相似,下面咱们就来一起领略一下 Coreldraw 的特色滤镜吧!

(1)浮雕效果　选择文件/导入,导入一张位图并选中它。再选择位图/三维效果/浮雕,在弹出的对话框中进行设置,如图 14-30。

图 14-29　滤镜菜单命令

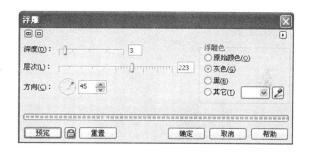

图 14-30　浮雕效果对话框

设置完成后,点击"预览",可以看到效果,点击"确定"完成效果制作,如图 14-31 所示。

(2)卷页效果　先用选取工具选中一张图片,再选择位图/三维效果/卷页,出现对话框,如图 14-32。

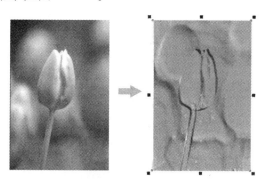

图 14-31　浮雕效果

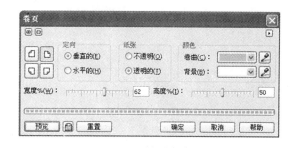

图 14-32　卷页效果对话框

设置完成后,点击"预览",可以看到效果,点击"确定"完成效果制作,如图 14-33。卷页可以对四个角进行设置,角卷曲的颜色和背景的颜色可以根据自己的需要进行设置,制作时非常方便。

(3)素描效果　选择文件/导入,导入一张位图并选中它。选择位图/艺术笔触/素描,出现对话框，如图 14-34 所示。

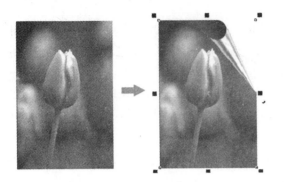

图 14-33　卷页效果

图 14-34　素描效果对话框

在这里有"铅笔类型"，石墨为黑白、颜色为彩色。效果如图 14-35。

图 14-35　素描效果

（4）立体派　导入一张位图并选中它。选择位图/艺术笔触/立体派，出现一个对话框，如图 14-36。

图 14-36　立体派效果对话框

我们可以自由选择底板纸的颜色，根据整体的颜色调节亮度及大小，如图 14-37 所示。

图 14-37　立体派效果

（5）锯齿状模糊　导入一张位图并选中它。选择位图/模糊/锯齿状模糊。根据自己的需要，宽度和高度越大，模糊得就越厉害，如图 14 - 38 所示。

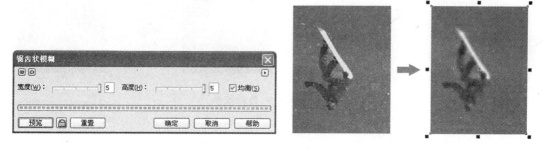

图 14 - 38　锯齿状模糊效果

（6）缩放　选择文件/导入，导入一张位图并选中它。再选择位图/模糊/缩放。从中心向外进行模糊缩放，产生动感，设置时数量越大，动感就越强，如图 14 - 39 所示。

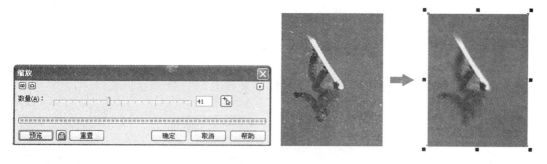

图 14 - 39　缩放效果

（7）扩散　导入一张位图并选中它。选择位图/相机/扩散，出现扩散对话框，可以对扩散的层次进行设置。这个效果就像镜头的光晕效果一样，产生一种朦胧的感觉，如图 14 - 40 所示。

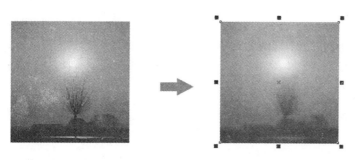

图 14 - 40　扩散效果

（8）半色调　选择文件/导入，导入一张位图并选中它。再选择位图/色彩转换/半色调，出现对话框，对色彩通道的青、品红、黄和黑色的网点角度进行调整，得到一种特殊的效果。在这里假如没有特殊要求，一般只需调整像素点的最大半径就可以了，如图 14 - 41。

（9）梦幻色调　选择文件/导入，导入一张位图并选中它。选择位图/色彩转换/梦幻色调。在对话框中调整色彩混合的层次，层次越大，色彩对比就越强，如图 14 - 42 所示。

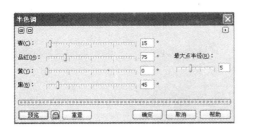

图 14-41　半色调效果

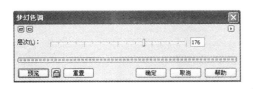

图 14-42　梦幻色调效果

（10）查找边缘　选择文件/导入，导入一张位图并选中它。选择位图/轮廓图/查找边缘，对图像的边缘颜色和类型进行设置。当设置为软时，只是边缘色彩比较浓。如果设置纯色，那么图形的每一小块颜色都是单独的，具体效果如图 14-43 所示。

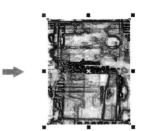

图 14-43　查找边缘效果

（11）框架　选择文件/导入，导入一张位图并选中它。选择位图/创造性/框架。在框架对话框里，有"选择"和"修改"两个菜单可供选择，选择是指框架的样式，修改是针对于前面所选框架所做的一系列调整，如图 14-44。通过框架滤镜，我们可以设置图片的边框，使它成为各种形式，打破位图生硬的边缘，如图 14-45。

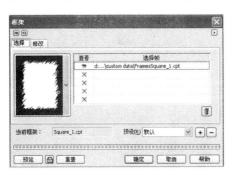

图 14-44　框架效果对话框

图 14 – 45　框架效果

（12）彩色玻璃　彩色玻璃是将位图中色彩的像素点进行综合，提炼出某一区域内相似或相近的颜色成为色块，并对其勾边、打光，形成彩色玻璃的感觉，如图 14 – 46。具体操作是先选择文件/导入，导入一张位图并选中它，再选择位图/创造性/彩色玻璃。在对话框中随意地调整玻璃的大小、焊接的线条宽度等，可以得到不同的视觉效果，色块的大小越大，原图的面貌越不清晰。

图 14 – 46　彩色玻璃效果

（13）旋涡　旋涡是通过对图片进行顺时针和逆时针的旋转，使画面产生变形。具体操作方法是先选择文件/导入，导入一张位图并选中它，再选择/位图/扭曲/旋涡。产生像水波一样的花纹，可以顺时针，也可以逆时针方向，如图 14 – 47。

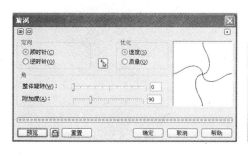

图 14 – 47　旋涡效果

（14）添加杂点　与 Photoshop 软件中添加杂点滤镜非常相似。具体方法是先选择文件/导入，导入一张位图并选中它，再选择位图/杂点/添加杂点，效果如图 14 – 48 所示。

（15）非鲜明化遮罩　采用非鲜明化遮罩可以使图片的颜色更加鲜艳、清晰。具体方法

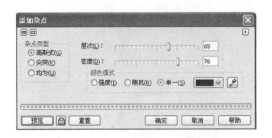 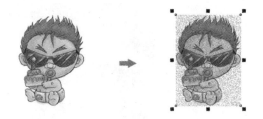

图 14 - 48   添加杂点效果

是先选择文件/导入，导入一张位图并选中它，再选择位图/鲜明化/非鲜明化遮罩就可以了，如图 14 - 49 所示。

图 14 - 49   非鲜明化遮罩效果

实验内容与步骤

圣诞贺卡制作

（1）在 Coreldraw 12 里创建一个新文档，画出一个同页面一样大小的矩形，填充深蓝色 C：100 M：60 K：20，如图 14 - 50。

（2）用 交互式透明工具由上往下拖动，将下部分颜色透明，如图 14 - 51。

图 14 - 50   贺卡底色的填充   **图 14 - 51   贺卡底色的调整**

（3）选择 贝塞尔工具勾画出重重叠叠的山。选取填充工具，将山填充成蓝色到白色的渐变，蓝 C：10，如图 14 - 52。

（4）点击文件/导入。输入一幢房子，将它放入山之间，如图 14 - 53 所示。

（5）现在我们复制一幢房子，然后在山峰后加上几棵树，这样前面的房子看起来就不会

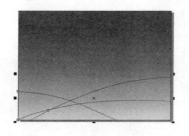

图 14 – 52　绘制小山

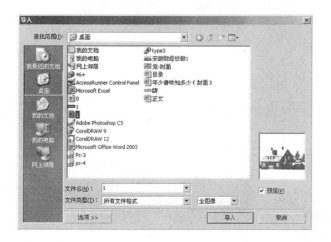

图 14 – 53　输入位图

太孤单了, 如图 14 – 54。

（6）接下来我们用贝塞尔工具画一条路, 移动到合适的位置, 将其填充为 K：10, 如图 14 – 55。

（7）圣诞节的天空应该飘着雪花, 给天空加些雪花吧！

在这里要注意的是, Coreldraw 的滤镜只能在图片是位图时才能编辑, 所以先要把蓝色的天空转换成位图, 再选择位图/转换成位图, 根据自己的需要设置色彩模式和分辨率, 单击确定即可。接着

图 14 – 54　复制位图

图 14 – 55　添加小路

选择位图/创造性/天气,选择"雪",在对话框中调整雪的浓度(可点击预览看图片),如图 14 - 56。

图 14 - 56　添加雪花

(8)画一个正圆,填充黄色 Y:10,然后选择  交互式阴影工具,给圆形加上阴影,将阴影改为白色,如图 14 - 57。如果要将阴影加大可以选择排列/拆分阴影群组。

图 14 - 57　添加圆月

(9)在贺卡上写点祝福的文字吧,选择文字工具,输入"圣诞快乐!"、"HAPPY NEW YEAR!",接着,我们把"圣诞快乐!"做成立体字:将文字转换成位图,将背景设置成透明,再选择位图/三维效果/浮雕,在对话框里进行调整,调到最佳效果,如图 14 - 58 所示。

(10)OK,一张漂亮的贺卡就完成啦! 如图 14 - 59 所示。

图 14 - 58　添加文字　　　　　　　　　图 14 - 59　完成后的贺卡

实验注意事项

（1）在作图时，最重要的事情就是存盘，按 Ctrl + S 快速存储，并且每过 5 ~ 10 min 就必须存储一次，为避免我们的工作因误操作而前功尽弃，这是非常必要的。

（2）建一个文件夹，给文件取一个与内容相符合的名字，便于今后查找，养成这个习惯将对我们今后的工作大有帮助。

（3）注意文件的大小，练习时位图的尺寸和分辨率不要太大，否则，它将影响我们的操作速度。但如果要印刷，图片的大小应与需要的实际尺寸一致，分辨率要设置为 300dpi。

实验报告

将课堂实验完成的电脑设计作品"圣诞贺卡制作"存储为 CDR 格式，发送到教师机上。

思考与练习

（1）对位图来说，通常都是矩形等规则形状，学习对位图的处理后，有什么方法可以改变它的形状？

（2）在 Coreldraw 中，怎样将一张图片的背景处理成透明的？

（3）怎样快速地将图片上的杂点、划痕去掉？

（4）在 Coreldraw 中，有几种方法可以将图片的色彩调得鲜明而有层次？

（5）位图有哪几种模式，每种模式有什么区别，在什么时候使用这种模式？

（6）利用所学的内容做一个足球训练场，要求真实生动。

实验 15　综合运用 Photoshop/Coreldraw 设计户外海报

实验目的

本实验是针对 Coreldraw 与 Photoshop 的设计户外海报设计展开的，通过实验要求学生了解户外海报是如何被设计编辑的，Photoshop 与 Coreldraw 在设计海报编辑方法上的差异，其中重点掌握两种软件结合设计的方法和技巧。

实验预习要点

①Photoshop 的户外海报的设计方法；②Coreldraw 的户外海报的设计方法；③综合运用 Coreldraw 与 Photoshop 设计户外海报。

实验设备及相关软件（含设备相关功能简介）

微型计算机系统配置包括硬件和软件两部分。

1．硬件

Win9x/NT/2000/XP，要求内存为 128M 以上，一个 40G 以上硬盘驱动器，真彩彩色显示器。

2．软件

用 Photoshop、Coreldraw 即可。

实验基本理论

15.1　Photoshop 的设计户外海报设计方法

（1）在 Photoshop 中打开选择好所需的星空和地球的背景图片，如图 15－1 所示。

图 15－1　选择背景图片

（2）进行进一步的调整，完成背景制作。

①用移动工具把地球图片拖曳到星空背景图片上。

②用自由变换工具调整地球图片的大小、位置和方向，如图 15－2 所示。

（3）制作电影片效果。

①用选取工具把要进行编辑的范围进行选取填充，如图 15－3 所示。

②选择适当的国旗图片进行复制变换编辑，如图 15－4 所示。

图 15－2　用自由变换工具调整背景图片

图 15－3　选取填充

图 15－4　复制变换编辑图片

③综合调整并完成电影胶片的操作，如图 15－5 所示。

（4）进行进一步的调整，完成海报制作。

①用移动工具把胶片图片拖曳到星空背景上，如图 15－6 所示。

图 15－5　综合调整并完成胶片

图 15－6　把胶片图片拖动到背景上

②用变换工具调整胶片图层的大小、位置和方向，如图 15－7 所示。

（5）进行进一步的调整，添加文字，完成海报制作，如图 15－8 所示。

图 15－7　变换工具调整胶片图层

图 15－8　最后调整完成

15.2 Coreldraw 的设计户外海报设计方法

Coreldraw 的设计户外海报制作，可以由几个工具或者多个工具的组合使用来表达海报所要表达的内涵和效果。

下面以一幅文化节海报的制作为例：

（1）打开 CorelDraw，新建一个文件。首先在绘图区画一个长方形，渐变填充工具的颜色。填充得到背景，如图 15－9 所示。

（2）通过复制的方法制作出彩虹的图形，并群组，如图 15－10 所示。

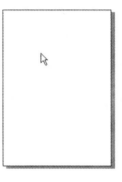

图 15－9　填充背景

图 15－10　制作彩虹

（3）把群组的彩虹图形复制、粘贴并适当地旋转变形，如图 15－11 所示。

（4）用调和工具制作白云，并调整位置与前后顺序，如图 15－12 所示。

图 15－11　编辑彩虹　　　　　　　　　　　图 15－12　制作白云

（5）制作女性人物图形并编组，调整人物图形位置，最终效果如图 15－13 所示。

（6）加入海报需要的文字，并调整颜色、阴影、顺序和位置。最终效果如图 15－14 所示。

图 15 – 13　导入人物图形　　　　　　　　图 15 – 14　加入文字调整完成

实验内容与步骤

春江花月大型文艺晚会海报设计（Photoshop 与 Coreldraw 的综合运用）

（1）在 Photoshop 中建立新图档，并打开素材图片，如图 15 – 15 所示。

（2）把素材图片的人物调整，并填充背景，如图 15 – 16 所示。

图 15 – 15　导入素材图片　　　　　　　　图 15 – 16　调整人物图片

（3）把图片导入到 Coreldraw 中并调整，如图 15 – 17 所示。

（4）在 Coreldraw 中制作标志与文字，如图 15 – 18 所示。

（5）把文字和标志与图片进行进一步调整，如图 15 – 19 所示。

图 15 – 17　把图片导入到 Coreldraw 中

图 15 – 19　进一步调整标志和图片

图 15 – 18　制作标志与文字

实验注意事项

（1）在用 Photoshop 制作海报时应注意在收集素材的时候，应该分清哪些图片适合作背景，哪些素材适合作主体，海报的大体色调怎样，应该先做到心里有数，制作的时候尽量避免临时改变主意，因为这样会影响设计的初衷。

（2）在用 Coreldraw 制作海报的时候，我们通常把需要表达的设计思想与软件的特点联系起来考虑，在制作的时候尽量避免处理照片一类的图形，因为处理起来很麻烦，影响了工作的效率。

（3）Photoshop 与 Coreldraw 的综合运用中，两种软件担任的角色很重要，在制作之前，应该要初步做个计划。哪些部分用 Photoshop 来制作，哪些部分用 Coreldraw 来制作，这样明确以后，制作起来思路才能清晰，节省时间，避免错误。

实验常见问题与操作技巧解答

（1）为什么用 Photoshop 放大图片会变得很模糊，而用 Coreldraw 放大一些图片却不会出现这样的情况？

答：因为两种软件处理的图片的格式不同，Photoshop 处理的是点阵式图像，而 Coreldraw 处理的是矢量图，所以才出现这样的情况。

（2）如何才能把用 Photoshop 处理后的图片导入到 Coreldraw 中？

答：把用 Photoshop 处理后的图片存储成 TIFF、BMP 或者其他中转格式，然后再打开 Coreldraw 按菜单栏中的导入找到文件所在路径打开就可以了。

（3）如何才能把用 Coreldraw 处理后的图片导到 Photoshop 中？

答：把用 Coreldraw 处理后的图片导出并储存成 JPEG、TIFF、BMP 或者其他的一些 Photoshop 支持的格式，然后用 Photoshop 直接打开就可以了。

实验报告

将课堂实验完成的设计作品"大型文艺晚会"存储为 JPEG 格式文件，发送到教师机。

思考与练习

（1）如何用 Photoshop 软件来设计户外海报？应注意哪些问题？

（2）如何用 Coreldraw 软件来设计户外海报？应注意哪些问题？

（3）用两种软件制作海报时，图档的导入导出是如何实现的？

（4）练习用 Coreldraw 制作一幅电影海报的背景。

（5）练习结合用 Photoshop 和 Coreldraw 设计制作一张明星音乐会的户外海报。

实验 16　综合运用 Photoshop/Coreldraw 设计三维效果模型

实验目的

本实验是针对 Coreldraw 与 Photoshop 的三维效果的编辑而展开，通过实验要求学生了解三维效果模型是如何被编辑的，Photoshop 与 Coreldraw 在编辑三维效果模型的编辑方法上的差异，其中重点掌握两种软件结合使用的方法和技巧。

实验预习要点

①Photoshop 的三维效果模型的设计方法；②Coreldraw 的三维效果模型的设计方法；③综合运用 Coreldraw 与 Photoshop 设计三维效果模型。

实验设备及相关软件（含设备相关功能简介）

微型计算机系统配置包括硬件和软件两部分。

1. 硬件

Win9x/NT/2000/XP，要求内存为 128M 以上，一个 40G 以上硬盘驱动器，真彩彩色显示器。

2. 软件

用 Photoshop、Coreldraw 即可。

实验基本理论

16.1　Photoshop 的三维效果模型的设计方法

用 Photoshop 编辑三维效果模型，可以有多种方法：

（1）用渐变工具编辑三维效果模型。

①用选取范围工具把要进行编辑的范围进行选取，如图 16 – 1 所示。

②确定渐变的色彩及渐变方式，如图 16 – 2 所示。

③综合调整并填充完成操作如，图 16 – 3 所示。

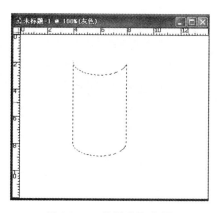

图 16 – 1　编辑选取范围

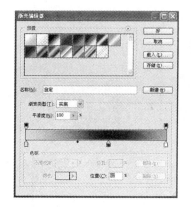

图 16 – 2　确定渐变色彩及渐变方式

（2）用图层样式编辑三维效果模型，如图 16 – 4 所示。

图 16 – 3　填充完成

图 16 – 4　编辑选取范围

①用选取范围工具把要进行编辑的范围进行选取编辑。

②选择或者编辑图层样式，如图 16 – 5 所示。

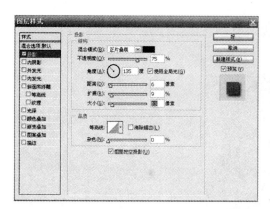

图 16 – 5　编辑图层样式

③在所选范围选择填加图层样式，如图 16 – 6 所示。

④综合调整并完成操作，如图 16 – 7 所示。

图 16 – 6　填充图层样式

图 16 – 7　调整完成

（3）利用滤镜编辑三维效果模型。

①用选取范围工具把要进行编辑的范围进行选取编辑，如图 16 – 8 所示。

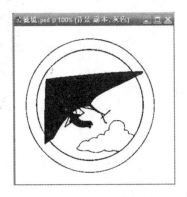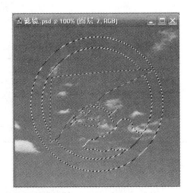

图 16 – 8　编辑选取范围

②选择适当的滤镜进行编辑，如图 16 – 9 所示。

③综合调整并完成操作，如图 16 – 10 所示。

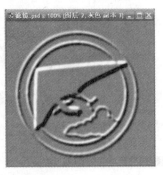

图 16 – 9　编辑选取范围

图 16 – 10　调整完成

16.2 Coreldraw 的三维效果模型的设计方法

Coreldraw 的三维模型制作，是由形状工具、渐变工具、立体化的工具综合使用完成的。

我们以制作两个啮合的齿轮为例：

（1）打开 CorelDraw，新建一个文件。首先在绘图区画一个长方形，并设置其各个角的圆角为45度。双击这个矩形，将它的旋转中心移至最下边的中心，如图 16 - 11 所示。

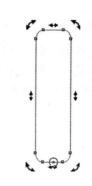

图 16 - 11 编辑长方形

（2）通过敲击小盘上的"+"号复制这个矩形，将复制得到的矩形移到一旁，点选"交互式调合工具"按钮 ，将两矩形进行调合，调合步数为10。将调合方向的角度参数设为360： ，这样我们会得到一个很夸张的效果，如图 16 - 12 所示。

为了改变上边两个矩形这种形状，首先按 Esc 键取消全部选择，然后辅以 Shift 键将上边两矩形选中，顺序按 C 键、E 键，从而将上边两矩形在水平垂直中心对齐。取得的效果，如图 16 - 13 所示。

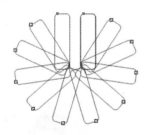

图 16 - 12 调和得到的效果

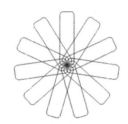

图 16 - 13 合并矩形

（3）按 Ctrl + A 键选中所有对象，然后按组合键 Alt + A，再按 B 键，将所有调合对象分离。选中 A、B 矩形任意一个将它删除。选中剩下所有对象，按 Ctrl + G 组合键将它们群组。

（4）画一个大小适合的圆，并同上一个对象一起选中，顺序按 C 键、E 键将它们在水平垂直方向对齐。得到的效果，如图 16 - 14 所示。用小键盘的"+"号复制圆。

（5）按 Esc 键取消所有选择，打开"焊接卷帘窗"（顺次按 Alt + A，P 键，W 键）。选中圆，将"来源对象"和"目标对象"复选框前的勾取消，点选"焊接于"按钮，将出现的黑箭头点击矩形组实现焊接。选中复制的圆（如果直接点击无法选取，可以按 Alt 后再选取），按住 Shift 键缩小此圆至合适尺寸。最终效果，如图 16 - 15 所示。

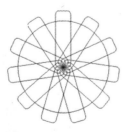

图 16 - 14 对齐圆形

图 16 - 15 焊接对象

（6）选中所有对象，按组合键 Ctrl + L 将所有对象结合成单一对象，这样一个齿轮就成形了。我们为它设置一些填充效果，并再复制一个齿轮将它们排列成啮合状，并将它们按 Ctrl + G 成组。效果如图 16 - 16 所示。

（7）选择"效果/立体化"。将齿轮选中，点选"交互式立体化工具"按钮，在预置下拉列表中选择"立体化光源"选项，调节滑杆至合适的位置。为了让齿轮具有光影的效果，需要为其添加两个光源，各光源的位置，如图 16 - 17 所示。

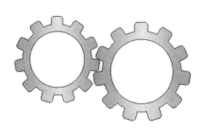

图 16 - 16　结合复制对象

图 16 - 17　立体化选项

得到完成后的啮合齿轮效果，如图 16 - 18 所示。

（8）为了在以后的工作中观察更加清晰，我们为这个齿轮组稍稍地改变一下空间位置，具体做法是在确定整个对象被选中且"交互式立体工具"按钮保持工作状态后，单击这个对象得到旋转控制手柄，调节这些手柄使最终成形效果，如图 16 - 19 所示。

这样啮合齿轮的制作部分就完成了。

图 16 - 18　立体化结果

图 16 - 19　立体化的调节

实验内容与步骤

世博会的宣传招贴设计（Photoshop 与 Coreldraw 的综合运用）

（1）在 Photoshop 中建立新图档，如图 16 - 20 所示。

（2）把刚才 Coreldraw 处理的啮合齿轮导出为位图格式。

（3）在 Photoshop 中导入背景图片调整，如图 16 - 21 所示。

（4）在 Photoshop 中导入啮合齿轮图片并用选取工具把多余部分选取并去掉，如图 16 - 22 所示。

（5）选择齿轮层，打开图层样式面板，进行进

图 16 - 20　建立新图档

一步调整,如图 16 – 23 所示。

(6)添加文字并最后编辑、调整,如图 16 – 24 所示。

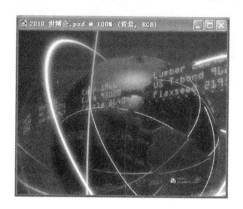

图 16 – 21　导入背景图片

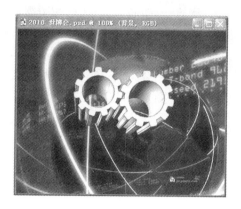

图 16 – 22　修整齿轮图片

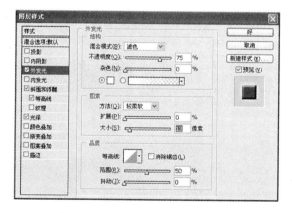

图 16 – 23　调整图层样式面板

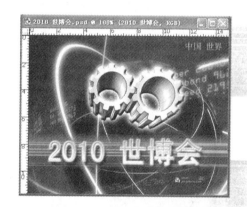

图 16 – 24　最后编辑调整

实验注意事项

(1)综合运用 Photoshop 软件和 Coreldraw 软件制作三维效果模型,涉及到软件应用的先后次序的问题,通常情况下,背景是首先被制作出来的,然后是主体画面,最后制作的是设计主题文字。一般情况下,背景是由 Photoshop 软件处理完成的,图案和标志是由 Coreldraw 软件来完成的,而主题文字大多数是由 Photoshop 来制作。但是由于具体设计的不同需要,制作到哪个步骤也不一定必须要用某个软件来制作,是由设计的具体需要和软件的特性来决定的。所以在制作之前,应该对制作的步骤和软件的选用有个大致的计划,这样就不会在制作过程中混淆次序、事倍功半了。

(2)输出文件格式是 Photoshop 软件和 Coreldraw 软件综合运用的关键环节,我们通常用 Photoshop 软件输出为 jpg 格式或者其他 Coreldraw 软件支持的图片格式才能与 Coreldraw 软件综合运用;通常用 Coreldraw 软件输出为 bmp 格式或者其他 Photoshop 软件支持的图片格式才能与 Photoshop 软件综合运用。

实验常见问题与操作技巧解答

（1）我的 Coreldraw，怎么增加透视点？

答：点一下物体，再选效果→新增透视点，两个以上物体，可以先群组。

（2）Coreldraw 里面用什么方法处理高光比较方便？

答：用钢笔在物体上需要加高光的地方画出高光的选区，填充白色，再用交互式透明工具在填充上白色的这个区域上拖拉即可。

实验报告

将课堂实验完成的设计作品"世博会招贴"存储为 JPEG 格式文件，发送到教师机。

思考与练习

（1）用 Photoshop 制作三维效果模型设计的基本方法有哪些？

（2）用 Coreldraw 制作三维效果模型设计的基本方法有哪些？

（3）说出 Photoshop 在制作三维效果模型软件功能上的优势有哪些。

（4）说出 Coreldraw 在制作三维效果模型软件功能上的优点有哪些。

（5）在制作三维效果模型过程中，Photoshop 和 Coreldraw 是如何综合运用的？

实验项目设计一览表

序号	项 目 名 称	实验类别	实验性质	课时设计（参考）
1	实验 1 Photoshop 创建选区工具的运用	必修	验证性	4
2	实验 2 Photoshop 图文创建工具的运用	必修	验证性	6
3	实验 3 Photoshop 编辑工具的运用	必修	验证性	6
4	实验 4 Photoshop 图层及层蒙版的运用	必修	验证性	6
5	实验 5 Photoshop 图像的编辑	必修	验证性	4
6	实验 6 Photoshop 图像的调整	必修	验证性	6
7	实验 7 Photoshop 滤镜的使用	必修	验证性	4
8	实验 8 运用 Photoshop 设计特效字	选修	设计性	6
9	实验 9 Coreldraw 图形创建工具运用	必修	验证性	6
10	实验 10 Coreldraw 图形编辑工具运用	必修	验证性	6
11	实验 11 Coreldraw 中交互式造型工具运用	必修	验证性	6
12	实验 12 Coreldraw 中对象的编辑	必修	验证性	6
13	实验 13 Coreldraw 的文本处理	必修	验证性	6
14	实验 14 Coreldraw 中位图的效果处理	必修	验证性	6
15	实验 15 综合运用 Photoshop/Coreldraw 设计户外海报	选修	综合性实验	8
16	实验 16 综合运用 Photoshop/Coreldraw 设计三维效果模型	选修	综合性实验	8

实验类别分为：必修、选修。

实验性质分为：验证性实验、设计性实验、综合性实验、创新性实验。

每个实验项目课时设计：一般在 4~8 课时之间。

参考文献

［1］ 黎骅等编著. 突破 Photoshop 6.0 创作实例五十讲. 北京：中国水利水电出版社, 2000. 10

［2］ 安雪梅著. Photoshop 7 完全征服手册. 北京：中国青年出版社, 2002. 10

［3］ 罗凤华编著. Photoshop 7.0 图形图像处理基础与案例教程. 北京：北京工业大学出版社, 2005. 04

［4］ 高师. 设计与工艺教材编写组. 设计与工艺. 北京：高等教育出版社, 1997. 07

［5］ 陈建军著. 书籍装帧入门. 南宁：广西美术出版社, 1996. 07

［6］ 邓小鹏编著. 装潢美术. 杭州：浙江美术学院出版社, 1996. 06

［7］ 辜居一主编. 数字化艺术论坛. 杭州：浙江人民美术出版社, 2002. 01

后　记

　　根据社会对应用型人才的需要，各高校特别是以培养应用型人才为目标的高校，越来越重视实验室的建设。在硬件建设步入高速度的同时，使各高校新闻与传播学专业困惑的是找不到一套与专业结合紧密的专业实验教材。在此形势下，中南大学出版社组织编写一套新闻与传播学系列实验教材，《电脑图文设计》是其中重点编写的一本。希望该套教材的出版成为国内第一套新闻与传播学专业实验教材，为新闻与传播学的学科建设和各高校培养应用型人才做出贡献。

　　本书为《21世纪新闻与传播学实验系列教材》之一，全书按照实验教材体例编写。

　　本书集各位作者多年的教学与研究成果。参加撰稿者共4人。湖南商学院的关红老师作为本书的主编，对选题的思路和方法提出指导性意见，形成本书的编写框架和编写大纲，并为本书撰写了课程综述。本书共16个实验。各实验的撰稿人（按实验顺序为序）为：关红老师撰写了书中的实验1、2、3、4，宁波大学的赵书松老师撰写了实验5、6、7、8，武汉理工大学的周鸿老师撰写了实验9、10、11、14，沈阳工业大学的邵浩洋老师撰写了实验12、13、15、16。

　　本书在写作过程中，参考了一些专家的文献资料，在此谨向这些专家以及所有支持帮助过本书编写出版的人士表示谢意。同时，由于时间和水平所限，书中的不足之处还恳请国内外同行学者及读者指正。

作　者

图书在版编目（CIP）数据

电脑图文设计 / 关红 , 周鸿 , 赵书松主编. —长沙：中南大学出版社，2006.6

ISBN 978-7-81105-319-7

Ⅰ.电...　　Ⅱ.①关...　②周...　③赵...　　　Ⅲ.广告 – 计算机辅助设计　　Ⅳ.J524.3 – 39

中国版本图书馆 CIP 数据核字（2006）第041797号

电脑图文设计
（第 2 版）

关　红　周　鸿　赵书松　编著

□ 责任编辑　彭亚非
□ 责任印制　文桂武
□ 出版发行　中南大学出版社
　　　　　　社址:长沙市麓山南路　　　　邮编:410083
　　　　　　发行科电话:0731-88876770　　传真:0731-88710482
□ 印　　装　衡阳顺地印务有限公司

□ 开　　本　787 × 1092　1/16　□ 印张 14.5 □　　字数 357 千字
□ 版　　次　2010 年 4 月第 2 版　　□ 2010 年 4 月第 1 次印刷
□ 书　　号　ISBN 978-7-81105-319-7
□ 定　　价　28.00 元